纺织职业教育"十二五"部委级规划教材

U0747580

织物结构与设计

巴亮　主编

中国纺织出版社

内 容 提 要

本书从织物组织与织物的概念出发，详细介绍了织物组织的分类、各组织的绘图方法及其织物上机图的绘制方法；分析了各类组织的结构特点，介绍了织物试织及评价方法，小样试织中出现问题时的改正方法等，着重培养学生的实际动手能力。本书内容通俗易懂，具有较强的理论性、知识性及实用性。

本书可作为纺织类中职相应课程的教材，也可以供各类纺织企业从事相关工作的技术人员、管理人员参考。

图书在版编目（CIP）数据

织物结构与设计/巴亮主编. —北京：中国纺织
出版社，2015.9（2024.1重印）
纺织职业教育"十二五"部委级规划教材
ISBN 978 – 7 – 5180 – 1822 – 2

Ⅰ . ①织… Ⅱ . ①巴… Ⅲ . ①织物结构—中等专业学校—教材 ②织物—设计—中等专业学校—教材 Ⅳ . ①TS105.1

中国版本图书馆 CIP 数据核字（2015）第 151567 号

策划编辑：孔会云 责任编辑：符 芬 责任校对：王花妮
责任设计：何 建 责任印制：何 建

中国纺织出版社出版发行
地址：北京市朝阳区百子湾东里 A407 号楼 邮政编码：100124
销售电话：010—67004422 传真：010—87155801
http：//www.c-textilep.com
E-mail：faxing @ c-textilep.com
中国纺织出版社天猫旗舰店
官方微博 http：//weibo.com/2119887771
北京虎彩文化传播有限公司印刷 各地新华书店经销
2015 年 9 月第 1 版 2024 年 1 月第 3 次印刷
开本：787×1092 1/16 印张：9
字数：166 千字 定价：38.00 元

前言

纺织工业是我国国民经济传统支柱产业、重要的民生产业、国际竞争优势明显的产业，也是战略新兴产业的组成部分和民族文化传承的重要载体。随着经济技术的发展，纺织产业不断进行技术升级，各类新材料、新工艺及新产品不断涌现，市场对于纺织品的需求也在不断发生变化，这对所有纺织企业及纺织类院校提出了新的要求。对中职学校来说，虽然市场上介绍组织结构与织物方面的书籍不少，但是适合中职学校使用，能够突出项目化教学，强化学生动手能力的此类教材相对比较匮乏。

《织物结构与设计》一书内容的编排和组织是以企业需求、学生的认知规律、多年的教学积累为依据确定的。本书立足于对学生实际能力的培养，在课程内容的选择标准上有了根本性改革，打破以理论传授为主要特征的传统学科课程模式，将其转变为以工作任务为中心组织课程内容，并让学生在完成具体项目的过程中学会完成相应工作任务，同时，构建相关理论知识，发展职业能力。

本书是以项目为导向，以中职生认知能力为主导，针对中职生编写的教材，以使学生在完成项目任务中学到知识、技能，突出教、学、做一体化效果。本书共设有四个项目，每个项目均包括项目情景、项目准备、项目实施三个环节，将传统的纯粹讲述理论知识的教学方式转变为实施任务教学，突出职业教育特点。

本书编写过程中得到了江苏工程职业技术学院纺染工程学院佟昀副教授、福建众和纺织有限公司王义经理等多所职业技术院校和企业专家的指导和帮助，并对编写大纲、内容安排和初稿成形提出了宝贵的意见和修改建议，在此表示衷心的感谢。

由于编者水平有限，书中难免存在遗漏、不成熟乃至错误的地方，热忱欢迎读者批评指正。

编者
2015 年 3 月

目录

项目一 织物组织及其织物的基本知识

✽项目情境

在纺织品贸易中，某国外客户寄来部分三原组织样品，要求我公司对来样进行相应的分析，得出织物的一些基本参数如组织、密度、织缩率等，然后写出工艺单，以方便小样生产部门根据工艺单进行小样生产。

✽项目准备

图1-1所示为机织物形成示意图。经纱从织机后的织轴上引出，绕过后梁，经过分纱绞棒，逐根按一定规律分别穿过综框的综丝眼，再穿过钢筘的筘齿，在织口处与纬纱交织形成织物。所形成的织物在织机卷取机构的作用下，绕过胸梁、刺毛辊和导布辊，最后卷绕在卷布辊上。经纬纱在织造中的位置关系如图1-2所示。

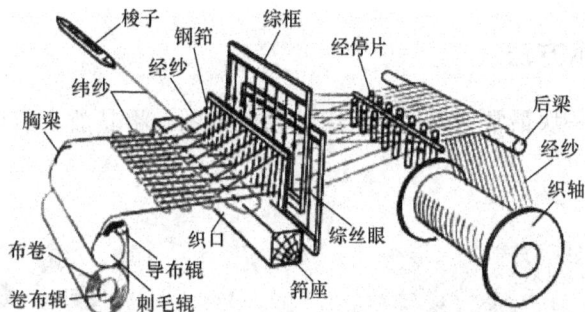

图1-1 机织工作原理图

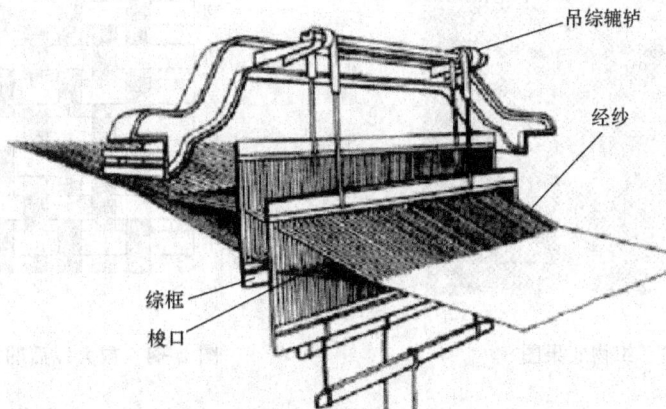

图1-2 经纬纱在织造中的位置关系

一、织物组织的概念与组织循环

1. 经纱

在织物内与布边平行的纵向（或平行于织机机身方向）排列的纱线称作经纱。

2. 纬纱

与布边垂直的横向（或垂直于织机机身方向）排列的纱线称作纬纱。

3. 织物组织

在织物中经纱和纬纱相互交错或彼此沉浮的规律称作织物组织。

4. 组织点

经纱与纬纱的相交处称作组织点，凡经纱浮在纬纱上的组织点称作经组织点，凡纬纱浮在经纱上的组织点称作纬组织点。

5. 组织循环

当经组织点和纬组织点的浮沉规律达到循环时，就将这一个循环称作一个完全组织或组织循环。

6. 组织循环经、纬纱数（R_j、R_w）

构成一个完全组织所需要的经（纬）纱根数称作组织循环经（纬）纱数，用 R_j（R_w）表示。

二、织物组织的表示方法

如图1-3所示为一块最常见的平纹组织织物效果图，将其放大后可以看到如图1-4所示的织物交织示意图。

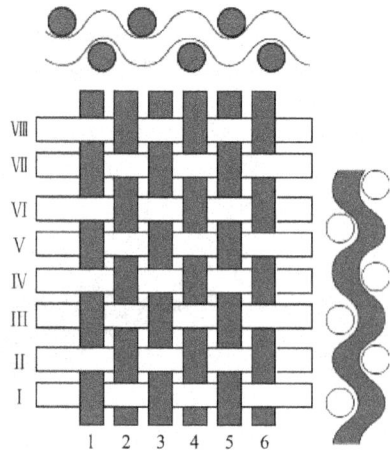

图1-3　织物效果图　　　　　　图1-4　放大以后的织物交织示意图

1. 组织图表示法

采用带有格子的意匠纸，其纵行格子代表经纱，横行格子代表纬纱。每个格子代表一个

组织点，当组织点为经组织点时，在格子内填满颜色或标以其他符号，常
用的符号有■、○、⊠、●；当组织点为纬组织点时，即为空白格子。
由图1-4所示的交织示意图可以绘制出如图1-5所示的织物组织图。

图1-5 平纹织物
组织图

2. 分式表示法

分子表示每根纱线上的经组织点数，分母表示每根纱线上的纬组织点数。即 $\frac{经组织点数}{纬组织点数}$
（缎纹组织除外）。

3. 织物的纵横界面示意图

为了表示织物中经纬纱线交织的空间结构和纱线的弯曲情况，除了组织图以外，一般还
需要借助于织物交织示意图以及纵横截面图来表述织物的外观特征。在一些织物结构比较特
殊或者复杂的情况下，交织示意图和截面图就显得格外重要，如图1-6所示。

4. 组织点飞数

为了衡量织物组织点之间的距离，描述相邻纱线上相应组织点之间的位置关系，常用组
织点飞数表示。飞数分经向飞数和纬向飞数。

经向飞数 S_j：相邻两根经纱上，相应组织点之间间隔的纬纱根数，向上为 +，向下为 -。

纬向飞数 S_w：相邻两根纬纱上，相应组织点之间间隔的经纱根数，向右为 +，向左
为 -。

如图1-7所示，在5、6两根相邻经纱上相应组织点 O 和 A 之间的飞数是经向飞数 +3，
也可以表示为 $S_j = +3$；而在6、7两根相邻纬纱上相应组织点 O 和 D 之间的飞数是纬向飞数
-3；同理可以确定其余相邻两根经（纬）纱上的其余组织点的飞数。

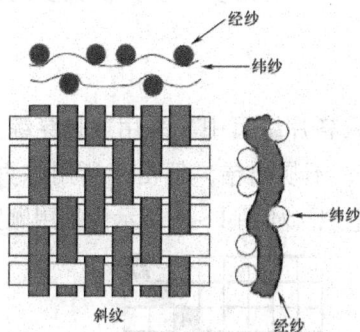

图1-6 斜纹织物交织示意图

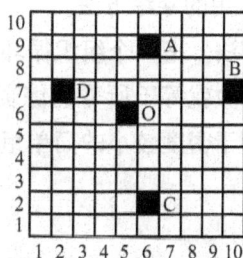

图1-7 组织点飞数计算与方向示意图

三、织物上机图的绘制

（一）上机图的构成

织物上机织制工艺条件的图解，简称上机图。由组织图、穿筘图、穿综图和纹板图组成，
是织造前穿筘、穿综和钉植纹钉的依据。上机图的排列在习惯上有两种形式：第一种形式是
组织图在下方，穿综图在上方，穿筘图在两者中间，纹板图在组织图右侧，如图1-8（a）

所示；第二种形式与第一种类似，只是纹板图在穿综图的右侧或者左侧，如图 1 - 8 （b） 所示。本教材多采用第一种形式来绘制上机图。

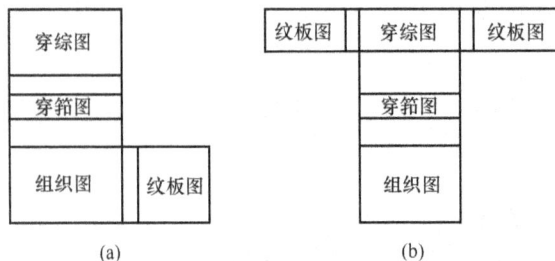

图 1 - 8　上机图的组成及布置

（二）上机图的画法

1. 组织图

在组织图表示方法中已经学习过组织的绘制方法，这里就不再赘述。

2. 穿综图

穿综图是表示组织图中各根经纱穿入综片顺序的图解。根据织物组织及其密度和风格的不同，穿综有顺穿法、飞穿法、照图穿法、分区穿法和间断穿法等方法。

在穿综图中，每一行表示一页综丝，第一片综位于穿综图最下面一行，自下往上递增。每一纵列对应组织图中每根经纱，要表示某根经纱穿入某页综片，可以在代表该根经纱对应的纵列与代表该综页片数的横行相交的小方格里做相应标记。

（1）穿综的基本原则。组织图中交织规律相同的经纱可以穿入同一片综页，也可以穿入不同综页。组织图中交织规律不同的经纱一定不能穿入同一片综页。提升次数多的经纱一般穿入前面的综页中，穿入经纱数多的综框放在前面。

（2）常用的穿综方法。

①顺穿法。把一个组织循环中的各根纱线依次穿入各片综页中。采用这种穿综方法的组织循环经纱数就等于所需的综页数。顺穿法操作简便，不易出错，但由于所用综页数较多，所以只适用于密度较小的简单组织织物和某些小花纹组织。如图 1 - 9 所示为采用顺穿法的穿

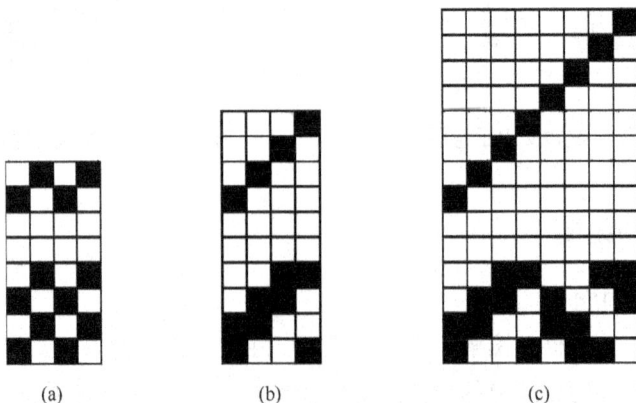

图 1 - 9　顺穿法穿综图

综图。

②飞穿法。在学习飞穿法之前，首先要了解复列式综框的概念，复列式综框的构造如图 1 - 10 所示，在一个总框中分别有多排综丝，图中所示第一排综丝用深色表示，而后面一排综丝用浅色表示，共两排综丝，故称作两页复列式综页；有四排综丝则为四页复列式综页。

以平纹采用两页复列式综页生产为例讲解飞穿法的穿综方法。如图 1 - 11 所示，深色表示的经纱 1、3 分别穿入第一个复列式综框的第一、第二行，浅色经纱 2、4 分别穿入第二个复列式综框的第一、第二行。图 1 - 12 表示了织造平纹过程中两个复列式综框的提升规律及经纬交织规律。最终得到如图 1 - 13 所示的上机图。

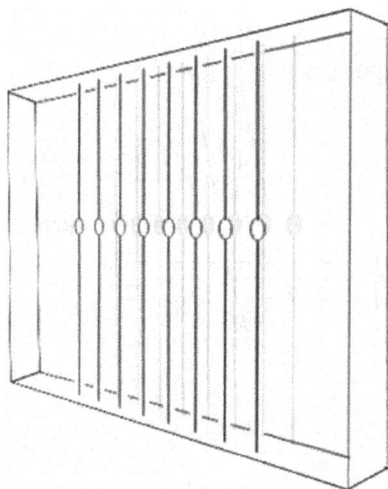

图 1 - 10 两页复列式综框

图 1 - 11 平纹交织示意图

③照图穿法。照图穿法就是将组织图中交织规律相同的纱线穿入同一片综页中，交织规律不同的纱线分穿在不同的综页中，图 1 - 9（c）图如果按照照图穿法，可以发现第 5 ~ 8 根经纱与 1 ~ 4 根纱线交织规律有重复，将交织规律相同的纱线穿入同一片综页就得到如图 1 - 14 所示的照图穿法穿综图。

④间断穿法。当织物采用两种或两种以上不同组织时，采用间断穿法，把穿综区域前后根据基础组织的不同分成若干区域，先把一种组织的经纱穿入第一个区域，再把另一种组织的全部经纱穿入另一区域内，直到完成整个组织的穿综图。如图 1 - 15（b）所示为间断穿法穿综图。

⑤分区穿法。当织物由两种或两种以上不同组织组成，两种组织的经纱按照一定比例（如 1 : 1）间隔排列，此时应采用分区穿法，把综片按照各种组织的不同分成前后两个或多个区，如图 1 - 15（b）所示，图中▨斜线表示的组织为 $\frac{2}{2}$ 右斜纹，而■黑色表示的组织为 $\frac{5}{8}$ 纬面缎，这两个组织经纱按照 1 : 1 的比例间隔排列，这样的组织我们对斜线表示的组织和黑色表示的组织分别进行穿综，最终穿综效果如图 1 - 15（b）所示。

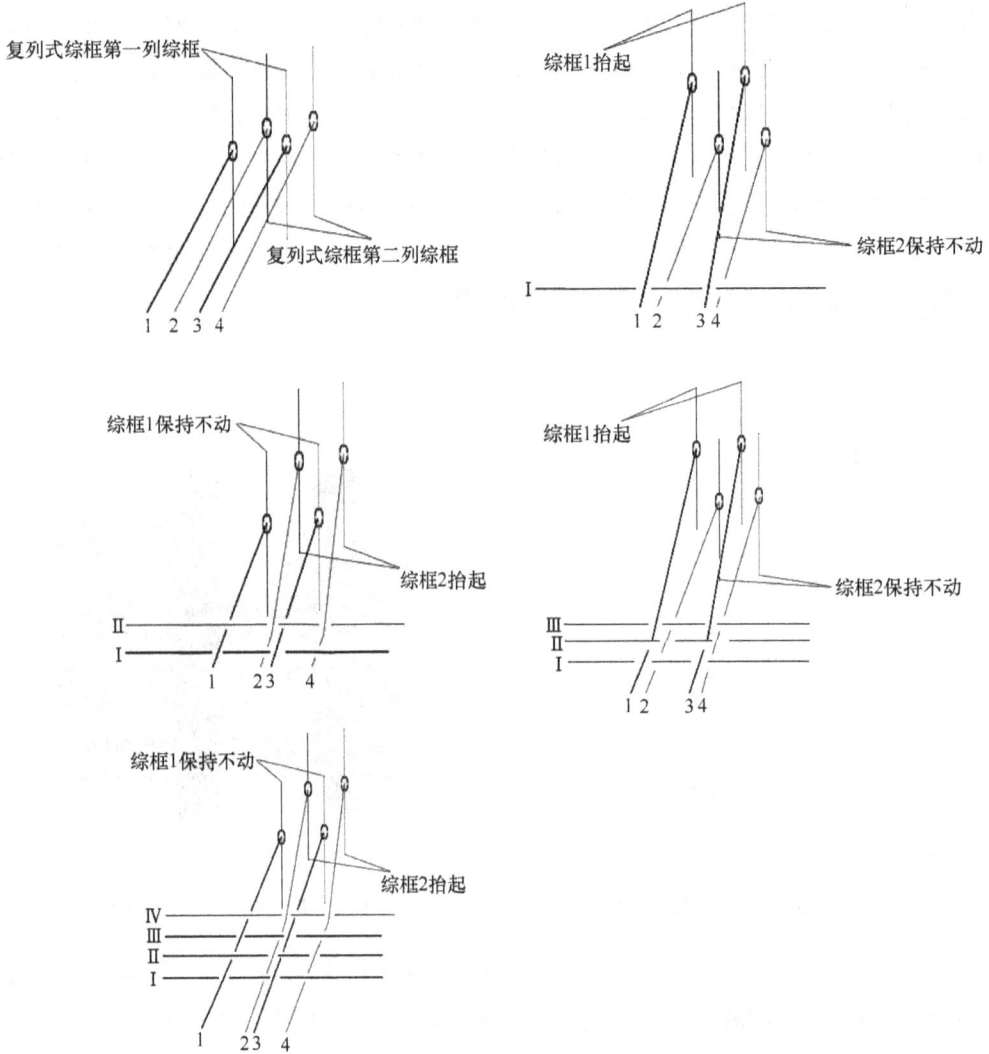

图1-12 平纹飞穿示意图

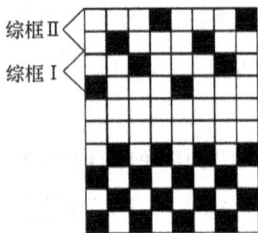

图1-13 平纹飞穿穿综图

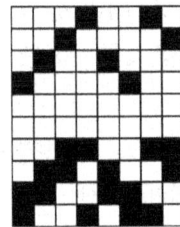

图1-14 照图穿法穿综图

3. 穿筘图

穿筘图一般位于组织图与穿综图之间。通常用两行表示，如图1-16所示，第一个筘齿

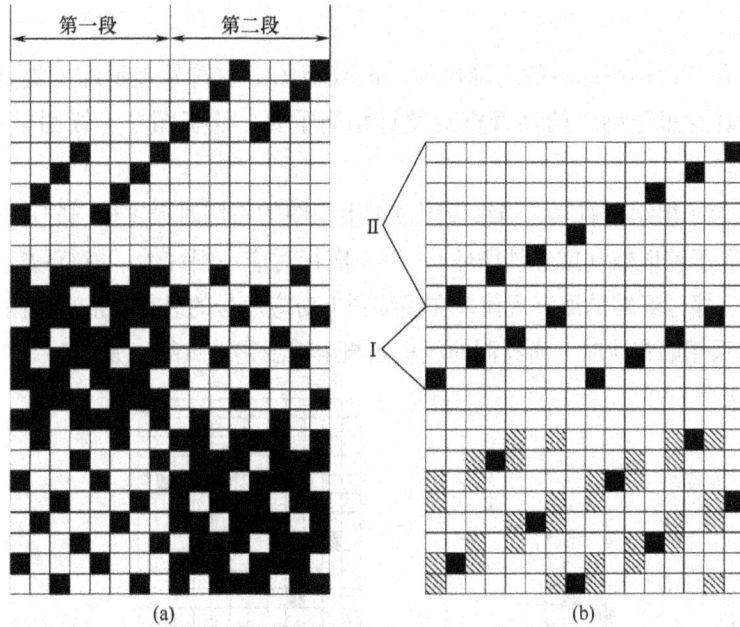

图 1-15 间断及分区穿法

中穿入几根纱线，则从第一行最左侧连续标记几个小格子，第二个筘齿中穿入几根纱线，则在第二行相应小格子中做上标记。

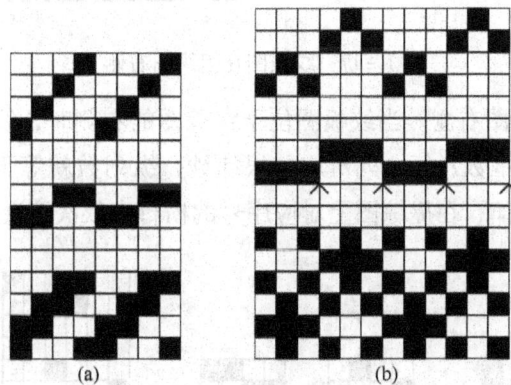

图 1-16 穿筘图

在面料生产中，对筘齿的穿入数有严格要求，穿入数较小时，经纱分布比较均匀，布面平整；穿入数相对较大时，经纱与筘片之间的摩擦就会增大，断头的风险增加，同时经纱分布相对不均匀，在布面容易形成明显的筘痕。一般棉织物的穿入数为 2~4 入；毛织物和丝织物可以适当增大，以 6~8 入为宜。

在一些布面外观有特殊要求的织物生产中，会采用空筘等穿法，即在穿筘图中有规律地空一个或几个筘齿不穿。如图 1-16（b）中所示的透孔组织，为使透空效果更加明显，则在透孔处空一个筘齿，在空筘处用"∧"表示。

4. 纹板图

纹板图表示开口运动中综页的升降规律，即纹板图上的符号表示综框提升，也是钉植纹钉的依据，所以在这里正确钉植多臂机的纹钉相当重要。纹板图在上级图中的位置有两种，其绘制方法如下。

（1）纹板图位于组织图右侧。当纹板图位于组织图的右侧时，纹板图的每一纵行对应一片综框，纵行数就等于综框数（或经纱循环）；每一横行对应一根纬纱，横行数就等于纬纱循环。根据组织图上某一序号经纱的浮沉规律，在提综图上对应序号的纵行内依次填涂符号，如图 1 - 17 所示。当穿综采用顺穿法时，所绘制的纹板图与组织图是一致的，如图 1 - 17（a）所示。

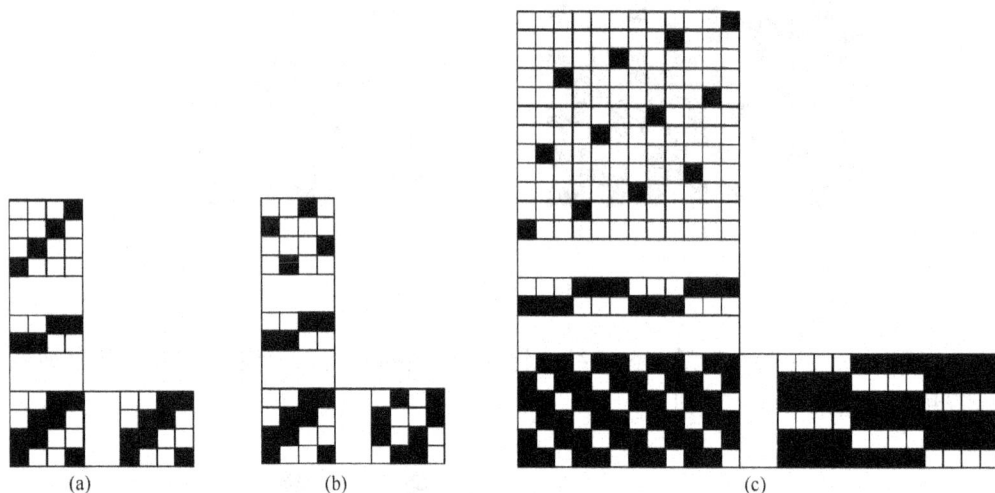

图 1 - 17　纹板图在组织图右侧

（2）纹板图位于穿综图右侧。当纹板图位于穿综图的右侧时，纹板图的每一横行对应一片综框，横行数就等于综框数；每一列对应一根纬纱，纵列数就等于纬纱循环。根据组织图上某一序号经纱的浮沉规律，在提综图上对应序号的横行内依次填涂符号，如图 1 - 18 所示。

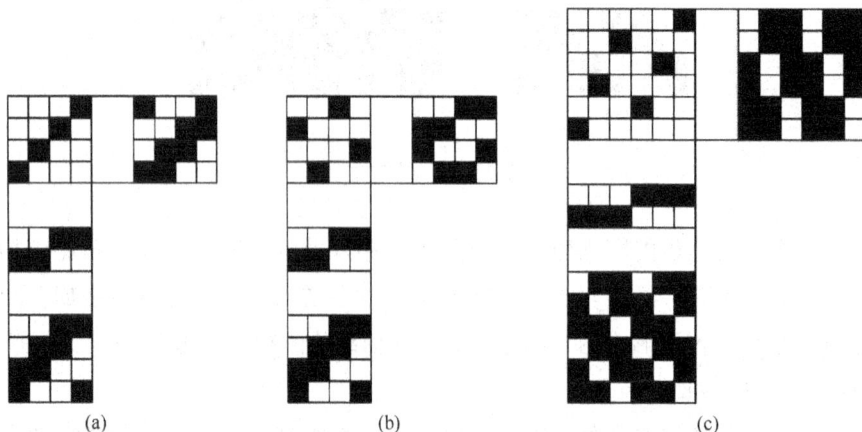

图 1 - 18　纹板图在穿综图的右侧

（三）上机图中各图之间的关系

1. 已知组织图与穿综图，求作纹板图

已知组织图与穿综图，求作纹板图的方法可以参见纹板图画法。

2. 已知穿综图与纹板图，求作组织图

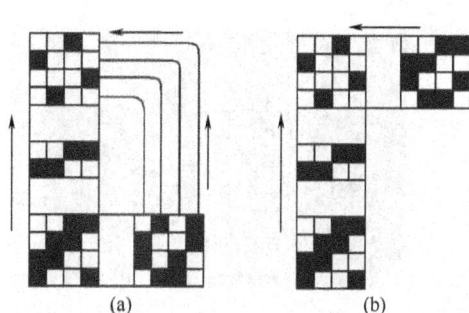

纹板图在组织图右侧时，如图 1 – 19（a）所示，以纹板图第一列为例，其对应穿综图中第一行的第二个格子，而第二个格子对应的是第二根经纱，所以按照纹板图第一列纹钉的植钉规律填绘■，依次完成组织图。纹板图在穿综图右侧时如图 1 – 19（b）所示，以纹板图第一行为例，纹板图中第一行对应穿综图中第一行的第二个格子，而第二个格子对应的是第二根经纱，所以按照纹板图第一行纹钉的植钉规律填绘■，依次完成组织图。

3. 已知组织图与纹板图，求作穿综图

当纹板图位于组织图右侧时，如图 1 – 20（a）所示，根据组织图中第一根经纱的交织规律与纹板图中第三列规律一致，那么就将第一根经纱穿入纹板图第三列对应的穿综图的第三行，依次完成后面几根经纱的穿综图。纹板图在穿综图右侧时，如图 1 – 20（b）所示，根据组织图中第一根经纱交织规律与纹板图中第三行规律一致，那么就将第一根经纱穿入纹板图第三行对应的穿综图的第三行，依次完成后面几根经纱的穿综图。

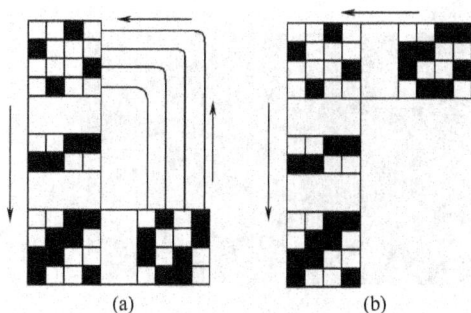

图 1 – 19　已知穿综图与纹板图求作组织图　　　图 1 – 20　已知组织图与纹板图求作穿综图

✳项目实施　组织图案编织

一、目的与要求

组织图案编织是纺织专业《织物结构与设计》课程教学中一个十分重要的实训环节，是纺织类专业学生必须具备的一项实用性技能。

通过对组织图案编织的学习，能理解和掌握经组织点、纬组织点、组织循环等专业基本概念，能激发学生学习专业课的热情，促进学生参与实训的积极性，提高学生的实践技能以及综合应用水平，真正成为受企业欢迎的实用型人才。

二、材料准备

进行图案编织之前需要准备剪刀、尺子、铅笔、各种颜色的卡纸。

三、步骤与方法

（1）选择深色、浅色两种卡纸，在卡纸上分别画出平行线，如图1-21所示。平行线间要求均匀间隔0.5~1cm，间隔越小，剪出的纸条越窄，编织出来的组织效果越明显。

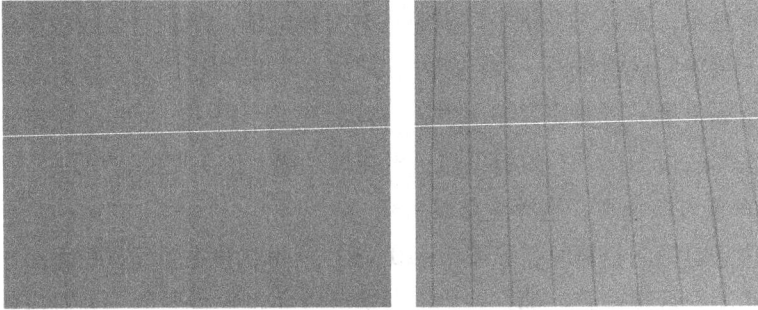

图1-21　在彩色卡纸上绘制平行线

（2）用剪刀按照画的线将卡纸剪成纸条，如图1-22所示。

（3）将纸条按照顺序标上编号，如图1-23所示。

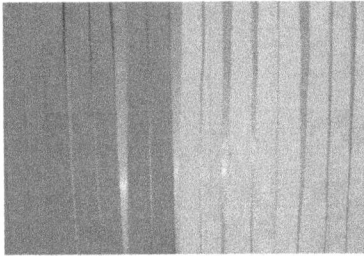

图1-22　将卡纸沿平行线剪开　　　　　图1-23　将剪开的纸条按顺序表上编号

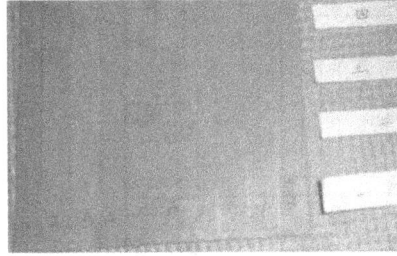

（4）选定一张卡纸经向水平放置，相当于经纱；另一张卡纸纬向水平放置，相当于纬纱，图例中以深色卡纸为经纱，浅色卡纸为纬纱。

（5）按照组织图的顺序编图（图1-24）。

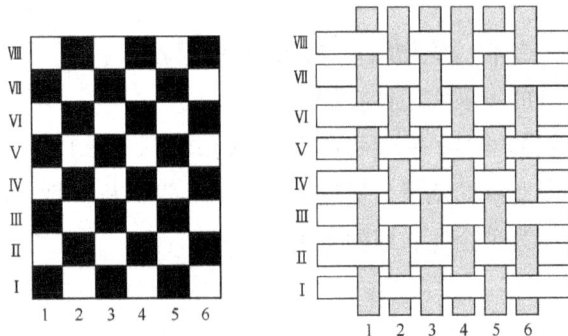

图1-24　对照组织图确定编织示意图

根据示意图将纬纱依次编入经纱中，如图 1 - 25 所示。

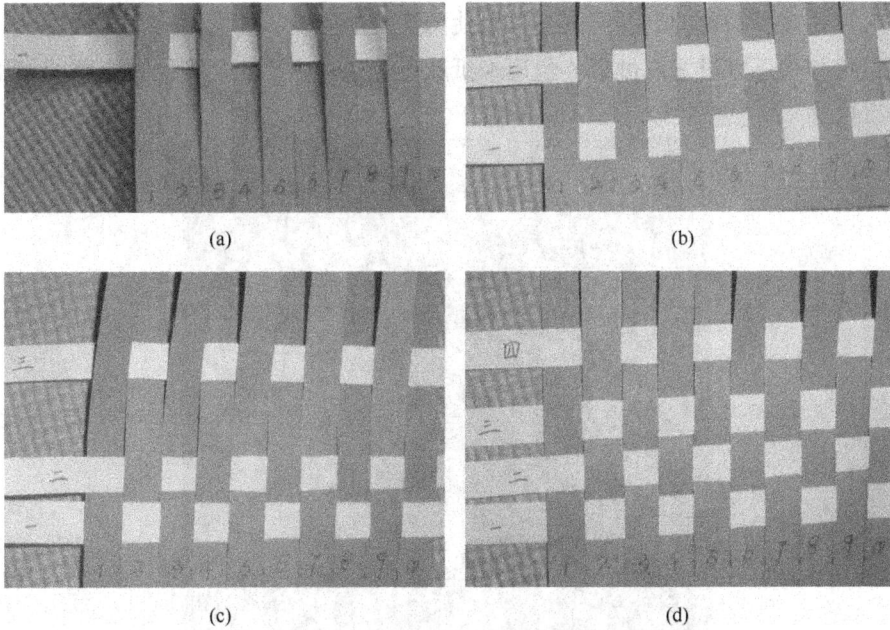

图 1 - 25　对照示意图编入相应纬纱图

（6）编好后将周围剪平，最后利用卡纸包边，如图 1 - 26 所示。

图 1 - 26　编制完成的组织图

四、注意事项

（1）画线时要平整，不能出现歪斜。

（2）剪卡纸时注意剪口要平整，避免出现卡纸条粗细不匀。

（3）编织时卡纸条间需压紧。

（4）可以用多种颜色的卡纸编图案，以使图案更加生动，如图1-27所示。

（5）最终包边不宜过宽或过窄，包边卡纸颜色的选择，要能起到画龙点睛的作用。

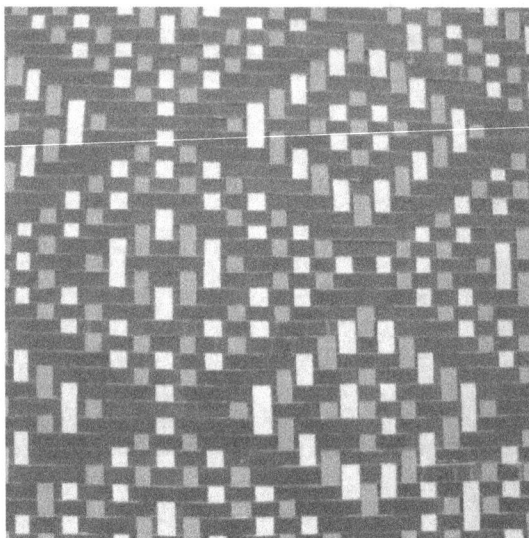

图1-27　采用多种颜色卡纸编织的组织图

五、作品评价标准

（1）编织图案要超过一个组织循环数，如果条件允许，最好是循环的整数倍。

（2）织物组织无错误。

（3）编织组织图整体颜色美观、协调。

项目二 三原组织及其织物

✽项目情境

在纺织品贸易中，某国外客户通过快递寄来部分三原组织样品，要求我公司对来样进行相应的分析，得出织物的一些基本参数如组织、密度、织缩率等，然后写出工艺单以方便小样生产部门根据工艺单进行小样生产。

✽项目准备

织物组织就是经、纬纱的交织规律，它是影响织物的使用性能及风格特征的重要因素。织造工艺与设备也因此而不同。各种织物常常按组织不同而分类。在织物组织中最简单、最基本的就是原组织。

原组织包括平纹组织、斜纹组织和缎纹组织三类，所以常称作三原组织，又称作原组织或基础组织。

一、平纹组织及其织物

（一）平纹组织的组织参数及上机图

1. 平纹组织的组织参数

平纹组织是所有织物组织中最简单、最基本的一种。如图 2-1 所示为平纹组织图。其中图 2-1（a）为经、纬纱交织图，图 2-1（b）为横截面图（纬向截面图），图 2-1（c）为总截面图（经向截面图），图 2-1（d）、图 2-1（e）都为平纹的组织图。经纱与纬纱一浮一沉地相互交织。从图 2-1 中可以发现其组织参数为：

$$R_j = R_w = 2$$
$$S_j = S_w = \pm 1$$

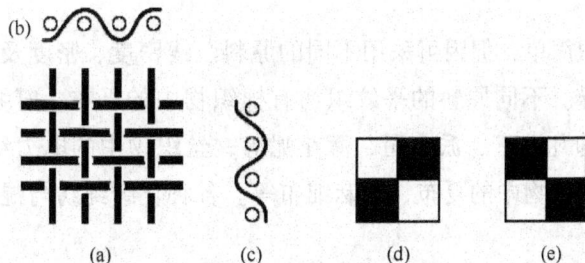

图 2-1 平纹组织图

在平纹组织中分别有两个经组织点和两个纬组织点，共计四个组织点。在一个完全组织循环内，因经组织点数与纬组织点数相同，所以织物正反面的组织没有差异，因此平纹组织属同面组织。

平纹组织除了用组织图表示以外，还常常用分式表示法表示，记作"$\frac{1}{1}$"，其中分式线代表在一个完全组织循环内的一根经纱或一根纬纱。分子表示在一个组织循环内的经组织点数，分母表示在一个组织循环内的纬组织点数，读作"一上一下"。

在划定完全组织大小之后，一般均从其左下角的第一个小方格起，按"一上一下"的交织规律填绘组织点。如果起始点为经组织点，那么所绘得的平纹组织为单起平纹，如图2-1（d）所示，一般均按此种方法绘作；如果起始点为纬组织点，那么所绘得的平纹组织为双起平纹，如图2-1（e）所示。当平纹组织与其他组织相配合时，需要考虑采用何种起始点。

2. 平纹组织的上机图

在绘制平纹组织的上机图时，要考虑其经密的大小，当经密较小时，可以采用两页综的顺穿法，如图2-2（a）所示；当织造一些中等密度的平纹织物（如市布）时，可采用两页复列式综页飞穿法，如图2-2（b）所示；而当织造如细布、府绸等经密很大的织物时，需要采用两页四列式综页，或四页复列式综页，用双踏盘织造，如图2-2（c）所示。

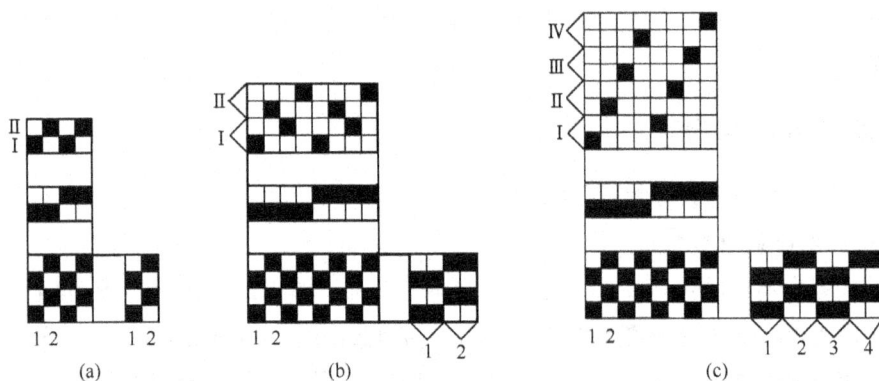

图2-2 平纹组织织物上机图

（二）平纹织物的品种、性能与风格

1. 普通平纹组织

平纹织物虽然组织简单，但因可采用不同的原料、线密度、密度及织造方法而使其品种繁多，性能与风格各异。不同原料的平纹织物有棉织物中的平布、府绸、青年布、米通条、巴厘纱等，毛织物中的凡立丁、派力司、薄花呢等，丝织物中的电力纺、乔其纱、塔夫绸、春亚纺、塔丝隆等，麻织物中的夏布、亚麻细布等。各种化纤纯纺与混纺织物中也有许多平纹织物。

2. 特殊效应的平纹织物

在实际应用中，由于织物结构中某些参数的变化或织造参数的改变，除了前面介绍的几种织物外，还会形成一些具有特殊外观效应的平纹织物。

（1）隐条隐格织物。利用纱线捻向不同对光线反射不同的原理，经纱采用不同捻向的纱线，按一定的规律间隔配置，在织物表面则会出现若隐若现的纵向条纹，形成隐条织物。同理，当经纱和纬纱都采用不同捻向的纱线间隔配置则会形成隐格织物。在精纺毛织物中常采用这种设计方法，如凡立丁、薄花呢等。

（2）具有凸条效应的平纹织物。采用线密度不同的经纱或纬纱相间配置生产的平纹织物，外观会产生纵向或横向的凸条效应。经纱粗而纬纱细则形成纵向的凸条纹，如图 2-3（a）所示；经纱细而纬纱粗，织物呈横凸条纹，如图 2-3（b）所示。如果采用粗细不同的纬纱或经纱间隔排列，则横凸条纹或纵凸条纹效应将更加明显。利用这种方法可以获得条格效应，使得本来毫无花纹的平纹织物产生立体效应。

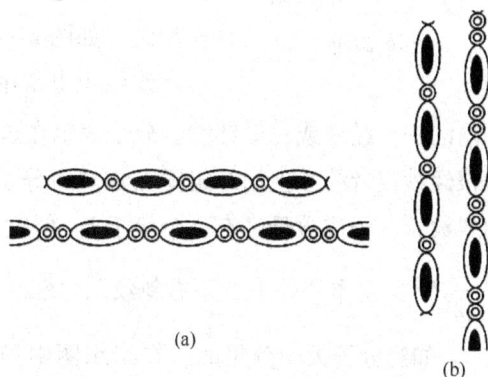

图 2-3　具有凸条效应的平纹织物截面图

（3）稀密纹织物。在平纹织物中利用穿筘的变化，即一部分筘齿中穿入的经纱根数多一些，另一部分筘齿中穿入经纱根数较少，或经纱采用空筘穿法，从而改变部分经纱的密度，可获得稀密纹织物。采用此法，可用来改善涤纶织物的透气性。

（4）泡泡纱织物。织物中的经纱分为地经和泡经，间隔配置，分别在两个不同的织轴上，两个织轴的送经量不同，就造成地经和泡经的张力不同。地经送经量小，则地经上的张力就大；泡经送经量大，泡经的张力就小。在打纬力的作用下，泡经与纬纱交织时处于较为松弛状态，产生凹凸，而地经与纬纱交织形成平整的地布，在织物表面形成了有规律的波浪型泡泡。此织物常用作夏季女士面料和童装面料。

（5）起绉织物。利用强捻纱采用平纹组织织造，经精练染整后，形成绉缩效应，如乔其纱与双绉等。棉织物中也有用一般捻度的纱作经纱，强捻纱作纬纱，织制后，经染整加工绉缩而成绉纹布。麻纱、巴厘纱等对经纬纱的捻度也各有要求。

（6）烂花织物。烂花织物的经纬纱常用涤棉包芯纱，采用平纹组织形成织物后，在设计的花型处做印酸处理。由于棉花耐碱不耐酸，而涤纶却是耐酸不耐碱，经整理后，因酸处理的棉纤维烂掉，只剩下涤纶长丝，此处织物形成轻薄透明感，而没有印酸处理的仍保持原状。这样织物的花型轮廓清晰，凹凸立体感强，具有独特的风格，可作服用面料和装饰面料。

此外，采用色经色纬配合可以得到色彩丰富的彩色条格织物。

二、斜纹组织及其织物

经线与纬线的交织点在织物表面呈连续斜向纹路的织物组织称作斜纹组织。斜纹组织变化繁多，最基本的是原组织中的斜纹。一个完全组织中，如果每根纱线（经纱或纬纱）上只有一个经组织点，其余都是纬组织点，而且这些经（纬）组织点连续成斜线称作原组织中的

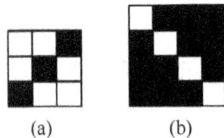

图2-4 两种原组织
中的斜纹

斜纹组织，如图2-4所示。

（一）斜纹组织的组织表示方法及参数

1. 斜纹组织的表示方法

斜纹组织的斜纹线方向可以由左下角向右上角延伸，也可以由右下角向左上角延伸。前者称作右斜纹，如图2-4（a）所示；后者称作左斜纹，如图2-4（b）所示。

斜纹组织也常用分式表示法表示，分式线代表在一个完全组织循环内的一根经纱或一根纬纱。分子表示在这根经纱或者纬纱上的经组织点数，分母则表示在此根经纱或者纬纱上的纬组织点数。而分子与分母之和等于组织循环纱线数 R。在原组织中的斜纹，分子或分母必有一个等于1。斜纹方向用一斜向的箭头表示。图2-4（a）可表示为 "$\frac{1}{2}\nearrow$"，读作"一上二下右斜纹"；图2-4（b）则可写成 "$\frac{3}{1}\nwarrow$"，读作"三上一下左斜纹"。如当分子大于分母时，在组织图中经组织点数多于纬组织点数，称作经面斜纹，如图2-4（b）所示；当分子小于分母时，组织图中纬组织点占多数，称作纬面斜纹，如图2-4（a）所示。

2. 斜纹组织的组织参数

原组织中的斜纹组织，其完全组织中至少要有三根经纱和三根纬纱，且完全经纱数等于完全纬纱数。结合图2-4可以得到斜纹组织的参数为：

$$R_j = R_w = 分子 + 分母 \geqslant 3$$
$$S_j = S_w = \pm 1$$

（二）斜纹组织的绘图方法及上机

1. 斜纹组织的绘图方法

首先按照表示斜纹组织的分式，求出组织循纱线数 R，圈定大方格，以第一根经纱和第一根纬纱相交的组织点为起始点，即大方格中左下角第一个小方格。按分式所表示的经纬纱交织规律画出第一根经纱的各个经纬组织点。再按照斜纹的方向，以第一根经纱的组织点为依据，若为右斜纹，则向上移动一格（$S_j = +1$）填绘下一根经纱的组织点，第三根以第二根为基础再向上移动一格，依此类推，如图2-4（a）所示。如果为左斜纹，则以第一根经纱为依据向下移动一格（$S_w = -1$）填绘下一根经纱的组织点。以下各根经纱的绘法依此类推，直至达到组织循环为止，如图2-4（b）所示。

2. 斜纹组织的上机

织制斜纹织物时，可采用顺穿法，所用综页数等于其组织循环经纱数。当织物的经密较大时，为了降低综丝密度，以减少经纱摩擦，降低经纱断头，多数采用复列式综框飞穿法穿综，所用综页列数等于组织循环经纱数的两倍，每筘齿的穿入数一般为3~4根。

（三）斜纹组织的特点

斜纹组织的正反面是不同的。正面是右斜纹者，其反面必为左斜纹；正面为经面斜纹者，反面必为纬面斜纹。通常由于经纱品质优于纬纱品质，经纱密度大于纬纱密度，所以在实际应用中，织物正面以经面斜纹居多。

1. 斜纹组织的反织法

在织机上织造斜纹织物时，有正织和反织两种。采用哪种方式要视实际情况而定。如$\frac{3}{1}$斜纹采用正织时，易在布面上发现如跳花、纬缩和百脚等疵点，便于及时纠正，缺点是由于经组织点数较多，开口装置频繁提起，耗电多，不易发现断经，拆坏布容易损伤经纱等；如果采用$\frac{1}{3}$踏盘反织，能节约用电、易发现断经、拆坏布方便，但不易检查百脚、跳花、经缩、浪纹等疵点，如图2-5所示。因此正反织各有优缺点。

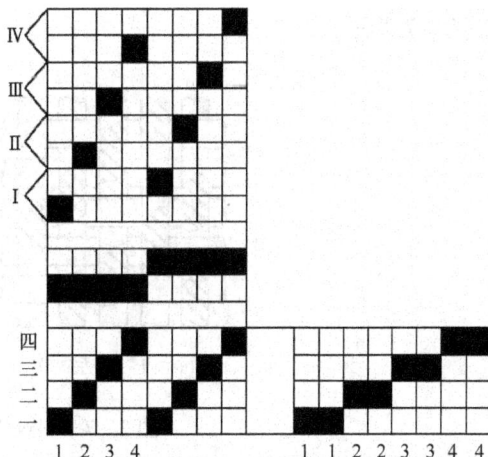

图2-5 斜纹组织的反织法

2. 斜纹组织纱线捻向对织物外观的影响

对于斜纹织物外观的主要要求是斜纹纹路清晰。这除了与经纬密度的配置、纱线条干均匀度等因素有关以外，还与经纬纱之间捻向的配置有密切的关系。经纬纱采用同一捻向时，织物表面所显示的纱线捻向不同，对光线的反射方向也就不同，可使经纬组织点效应分明，纹路清晰。此外，经纬纱捻向相同时，在经纬纱相交重叠处，纤维可相互嵌合而使织物显得紧密、硬实，织物厚度也较薄，如图2-6（a）所示。当经纬纱采用不同捻向时，则情况相反，斜纹纹路不是很清晰，织物手感丰厚而柔软，如图2-6（b）所示。

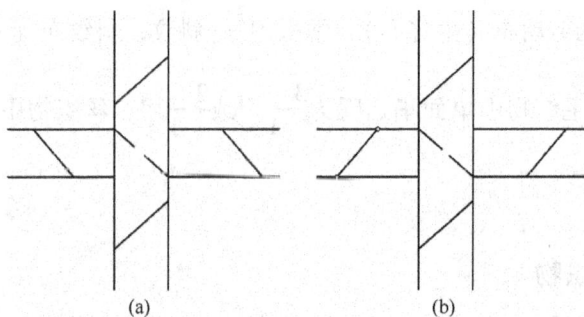

图2-6 捻向对织物的影响

首先引入"反光带"的概念，当织物受到光线照射时，浮在织物表面的每一纱线段上都会对光线进行反射，而各根纤维的反光部分呈带状排列，这些呈带状排列的反光部分称作"反光带"。经研究发现，反光带的倾斜方向与纱线的捻向相反，即反光带的方向与纱线纤维排列的方向相交。因此，织物中Z（S）捻向的纱线，其反光带的方向向左（右）倾斜。而在织物中，当反光带的方向与织物的纹路或斜向一致时，其纹路或斜纹就会清晰。对于经面斜纹来说，原组织中的斜纹是单面斜纹，而且往往是经面斜纹，织物表面呈现经面效应。因此，在分析纱线捻向与斜纹纹路清晰程度的关系时，应着重于经纱的捻向与经浮线所构成的斜线方向的关系。当经纱为 S 捻时，要使织物斜纹清晰，织物应为右斜纹，反之则为左斜纹，如图 2-7 所示。

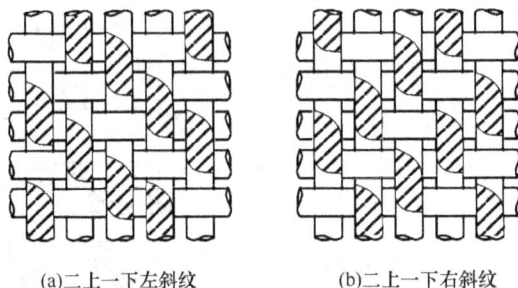

(a)二上一下左斜纹   (b)二上一下右斜纹

图 2-7　斜纹方向与纱线捻向的关系

通常单纱采用 Z 捻，而股线为 S 捻。

从上述分析中可以知道，只要是构成斜纹的纱线中纤维排列的方向与织物的斜纹线方向相交，则反光带的方向就与织物的斜纹线方向一致，斜纹线就清晰，反之则不清晰。

（四）斜纹组织的应用

在斜纹组织中，其 R 值比平纹组织大，在纱线线密度和织物密度相同的情况下，斜纹织物显得不如平纹织物交织紧密，但是相比较平纹织物，斜纹织物较松软，光泽较好。为了充分运用这一结构特点，常提高斜纹织物经密，从而使斜纹织物变得紧密而厚实，坚牢而耐用，斜纹纹路也更加清晰突出。

原组织中的斜纹在各类织物中均有应用，通常以经面斜纹为主，丝织物中有纬面斜纹产品。例如：棉织物中的劳动布（牛仔布），常采用 $\frac{3}{1}$ 斜纹；斜纹布通常采用 $\frac{2}{1}$ 斜纹；单面纱卡其为 $\frac{3}{1}\nearrow$；精纺毛织物中单面华达呢为 $\frac{3}{1}\nearrow$ 或 $\frac{2}{1}\nearrow$；丝织物中的里子绸和美丽绸为 $\frac{3}{1}\nearrow$。

三、缎纹组织及其织物

在原组织中，缎纹是最复杂的一种组织。结合前面章节关于飞数的概念，可以得出关于原组织中缎纹的定义：完全组织中，每根纱线上只有一个单个组织点，这些单个组织点之间不连续，但有规律地均匀散布于完全组织中，且飞数（S_j 或 S_w）为一常数，这样的组织称作缎纹组织，如图 2-8 所示。单个组织点可以是单个经组织点，也可以是单个纬组织点。即一根经纱或纬纱上只有一个经组织点，其余都是纬组织点，如图 2-8（a）和（c）所示；或一根纱线上只有一个纬组织点，其余都是经组织点，如图 2-8（b）所示。由于这些单独组织点在织物上由其两侧的经浮长线或纬浮长线所遮盖，在织物表面都呈现经浮长线或纬浮长线，因此，布面平滑匀整、富有光泽、质地柔软。

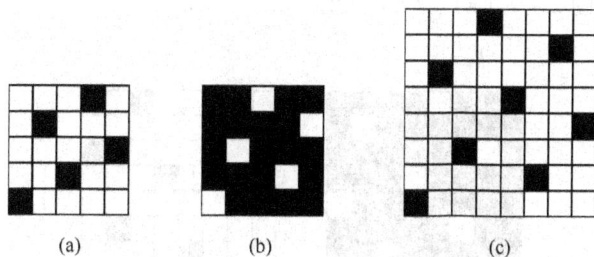

图2-8 几种缎纹组织

（一）缎纹组织的参数及其表示方法

从原组织中缎纹的定义可以看出，缎纹的参数如下。

（1）$R \geq 5$（且不等于6）。

（2）$1 < S < R - 1$，且在整个组织循环中始终保持不变。

（3）R 与 S 必须互为质数。

如果不符合条件（1），则不能构成缎纹组织；如果不符合条件（2），则将构成斜纹组织；如果不符合条件（3），则完全组织中某些纱线上没有交织点。

同斜纹组织一样，缎纹组织也有经面缎纹与纬面缎纹两种。

缎纹组织也可以用分式法来表示，表示为 $\dfrac{R}{S}$，R 为完全组织循环纱线数，分母 S 表示飞数。飞数有按经向计算和纬向计算两种，经面缎纹常采用经向飞数表示其飞数，而纬面缎纹则常用纬向飞数来表示飞数。图2-8（a）中 $R = 5$，因为其为纬面缎纹，故采用 S_w 来表示其飞数，$S_w = 2$，用 $\dfrac{5}{2}$ 表示，读作"五枚二飞纬面缎"。图2-8（b）则用 $\dfrac{5}{2}$ 表示，读作"五枚二飞经面缎"。图2-8（c）用 $\dfrac{8}{5}$ 表示，读作"八枚五飞纬面缎"。

（二）缎纹的绘图方法及上机图

1. 缎纹的绘图方法

绘制缎纹组织图时，首先需要确定组织循环纱线数，并圈定大方格，以左下角第一个格子为起始点。通常经面缎纹第一根经纱上的起始点为一单个纬组织点；纬面缎纹第一根纬纱上的起始点为一单个经组织点。经面缎纹以经向飞数画出第二根经纱上的单个纬组织点，纬面缎纹则以纬向飞数画出第二根纬纱上的单个经组织点。依此方法，逐根画出其余各根经纱或纬纱上的单个纬组织点或单个经组织点，直至完成一个组织循环。

例：试绘作八枚经面缎纹与纬面缎纹组织各一个。

根据题意，组织循环纱线数 $R = 8$。

S 能够取的值有2、3、4、5、6，其中符合 S 与 R 互质的只有3和5两个飞数。因为缎纹组织也有经纬面之分，所以共可以绘作4个八枚缎纹组织。现按题意，作一个 $\dfrac{8}{5}$ 经面缎纹，一个$\dfrac{8}{3}$纬面缎纹，如图2-9（a）、（b）所示。

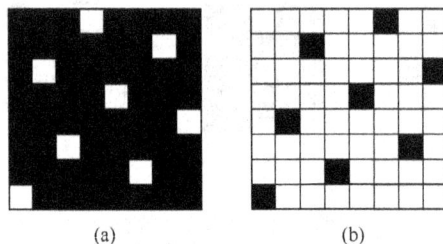

(a)   (b)

图2-9 八枚五飞经面缎纹与八枚三飞纬面缎纹

在其他条件不变的情况下，缎纹组织循环越大，浮线越长，织物就越柔软、平滑和光亮，但其坚牢度则越低。

2. 缎纹的绘图方法及上机图

在上机制织缎纹织物时，多数采用顺穿法，每筘齿穿入2～4根经纱，简称2～4入。

与斜纹组织织物相同，缎纹织物在上机时也有正织反织之分，二者各有优缺点。如五枚经面缎纹可采用$\dfrac{4}{1}$踏盘正织，也可采用$\dfrac{4}{1}$踏盘反织。正织时，产品质量和机械效率都比反织高，但然断经、跳纱疵点较难发现。反织时，虽然断经、跳纱疵点容易发现，利于及时处理，但产品质量与机械效率都不如正织的。

（三）缎纹组织的特点

由于缎纹组织的单独组织点分布比较均匀分散，浮线长，所以在线密度相同的条件下，织物密度可比平纹、斜纹织物的大。在经面缎纹中为了突出经面效应，通常经纬密度之比约为3∶2；在纬面缎纹中为了突出纬面效应，通常纬密大于经密，经纬密之比约为3∶5。

而平均浮长则能非常方便地衡量不同组织浮长线的长短，所谓平均浮长是指完全组织纱线数与交错次数的比值，用F表示。它分为经纱平均浮长和纬纱平均浮长，分别用F_j和F_w表示。经纱平均浮长是该组织的组织循环经纱数与一个组织循环内一根经纱对纬纱交错次数的比值；纬纱平均浮长是该组织的组织循环纬纱数与一个组织循环内一根纬纱对经纱交错次数的比值。即：

$$F_j = \frac{R_w}{t_j}$$
$$F_w = \frac{R_j}{t_w}$$

式中：F_j、F_w——经纱、纬纱的平均浮长；

t_j、t_w——一根经纱、一根纬纱在组织循环中的交错次数。

在原组织中，t_j与t_w均恒等于2。因此，组织循环纱线数越大，平均浮长也就越大。因为$R_j = R_w$，故$F_j = F_w$。

平纹组织：$F_j = F_w = \dfrac{R}{t} = \dfrac{2}{2} = 1$

$\dfrac{2}{1}$、$\dfrac{1}{2}$斜纹：$F_j = F_w = \dfrac{R}{t} = \dfrac{3}{2} = 1.5$

$\dfrac{3}{1}$、$\dfrac{1}{3}$斜纹：$F_j = F_w = \dfrac{R}{t} = \dfrac{4}{2} = 2$

$\dfrac{4}{1}$、$\dfrac{1}{4}$斜纹或五枚缎纹：$F_j = F_w = \dfrac{R}{t} = \dfrac{5}{2} = 2.5$

八枚缎纹：$F_j = F_w = \dfrac{R}{t} = \dfrac{8}{2} = 4$

（四）平均浮长

平均浮长的大小，反映了织物中经纬纱交织次数的多少（这里所指的交织次数的多少是与其他组织在织物中相等纱线根数条件下相比较而言的）。平均浮长越小，就是织物的交织次数越多。交织次数多，就会妨碍同一方向纱线间的相互靠拢。因此，平均浮长反映了织物交织的紧密程度。

缎纹组织虽然不像斜纹组织那样有比较明显的斜向，但在缎纹织物的表面仍然存在一个主斜向，其方向随着飞数的变化而变化。当飞数 $S < R/2$ 时，缎纹组织的主斜向为右斜；当飞数 $S > R/2$ 时，缎纹组织的主斜向为左斜。对于经面缎纹，由于织物表面经浮长线居多，且经密通常大于纬密，所以织物表面的斜向清晰与否主要考虑经纱的捻向与纹路的配合；而对于纬面缎纹则正好相反，通常考虑纬纱的捻向与纹路的配合。

与所有斜纹织物必须突出斜纹纹路不同，缎纹组织表面有些要求显示斜向，有些则要求不显示斜向。如直贡呢、直贡缎（经面缎纹）要求贡子清晰，织物表面显示斜向，因此纱直贡，一般选择$\dfrac{5}{3}$经面缎；棉横贡缎（纬面缎纹）、丝织缎纹要求表面匀整、光泽好，不显示斜向，那么单纱织物通常选用$\dfrac{5}{3}$纬面缎。

（五）缎纹组织的应用

缎纹组织在棉、毛、丝各类织物中均有应用。棉织物中有直贡缎（$\dfrac{5}{3}$经面缎）与横贡缎（$\dfrac{5}{3}$纬面缎），毛织物中有直贡呢和横贡呢。在起毛大衣呢、粗花呢等毛织物中也有应用。缎纹组织在丝织物中应用较广泛。五枚缎纹织物有人造丝光缎羽纱、醋酯丝新软缎等。八枚缎纹织物有素软缎、织锦缎等。

原组织虽然简单，但其织物品种十分丰富，生产与使用最为广泛。以原组织为基础加以变化或联合使用几种组织，可以得到各种各样的组织结构。例如：有的组织能形成小花纹的外观；有的组织可以使织物增加厚度；有的组织通过后整理可以起绒；有的组织能织出毛圈；有的组织能形成孔眼等。

✿项目实施　织物分析

一、织物分析目的

织物分析是对织物进行周到和细致的分析，以掌握该织物的规格和特征，从而获得织物的上机技术资料，用以指导织物的织造过程。同时，织物分析也为创新和仿制织物打下了基础。

(1) 了解织物分析的项目及分析顺序。

(2) 掌握每一个项目分析的方法，并能获得较为正确的分析结果。

(3) 掌握分析仪器的使用。

二、分析步骤及方法

(一) 取样

织物下机或在染整后，由于经纬纱线张力的平衡作用及其所发生的变形，使织物两端、边部和中部的结构有所不同。为了使测得的数据具有准确性和代表性，一般有如下取样规定。

1. 取样位置

距布边 >5cm，距织物两端：棉织物 >1.5~3m；毛织物 >3m；丝织物 >3.5~5m。

2. 取样大小

简单组织，取 15cm×15cm；组织循环比较大的色织物，取 20cm×20cm。

(二) 确定织物正反面

对织物取样后，需要确定织物的正反面。

下面列举一些常用的判断方法。

(1) 一般织物的正面花纹、色泽均比反面的清晰美观。

(2) 具有条格外观的织物和配色模纹织物其正面花纹必然是清晰悦目的。

(3) 凸条及凹凸织物，正面紧密而细腻，具有条状或图案凸纹，而反面较粗糙，有较长的浮长线。

(4) 起毛织物。单面起毛，其毛绒一面为织物正面；双面起绒织物，则以绒毛光洁、整齐的一面为正面。

(5) 布边光洁、整齐的一面为织物正面。

(6) 双层、多层及多重织物，一般正面具有较大的密度或正面的原料较佳。

(7) 纱罗织物，纹路清晰、绞经突出的一面为织物正面。

(8) 毛巾织物，以毛圈密度大的一面为正面。

从以上所述的鉴别方法可以看出，多数织物的正、反面有明显区别，确定织物的正、反面总是以外观效应好的一面作为织物的正面。有些织物的正、反面无明显的区别，如平纹织物。对这类织物可不强求区别其正反面，两面均可作为正面。

(三) 确定织物的经纬向

区别织物经纬向的依据如下。

(1) 样品有布边的，则与布边平行的纱线为经纱。

(2) 含有浆分的为经纱。

(3) 一般纱线密度大的为经纱。

(4) 筘痕明显的织物，则筘痕方向为织物的经向。

（5）织物中若纱线的一组为股线，另一组为单纱，则股线为经纱。

（6）单纱织物组织的成纱捻向不同时，则 Z 捻纱为经纱，而 S 捻纱为纬纱。

（7）如织物的经纬纱线密度、捻向、捻度差异不大时，则纱线的条干均匀，光泽较好的为经纱。

（8）毛巾织物，其起毛圈的纱线为经纱。

（9）条子织物，其条子方向为经向。

（10）织物有一个系统的纱线具有多种不同线密度时，该方向为经向。

（11）纱罗织物，有扭绞的纱线为经纱。

（12）在不同原料交织中，一般棉毛或棉麻交织的织物，棉为经纱；毛丝交织时，丝为经纱；毛丝绵交织时，则丝绵为经纱；天然丝与绢丝交织时，天然丝为经纱；天然丝与人造丝交织时，则天然丝为经纱。

由于织物的品种繁多，织物的结构与性能也各不相同，因此，在分析时，还应根据具体情况进行确定。

（四）经纬纱织缩率的测定

织物中经纬纱呈屈曲状态，致使织物长度与织物内纱线长度存在差异，织缩率即是指纱线长度与织物长度之差与纱线长度的比值，用百分率表示。

经纬纱缩率是织物结构参数的一项内容，它是制订织物织造规格如筘幅、筘号、匹长、织造纬密等的依据。织缩率制订正确与否，直接影响成品规格，同时织缩率也是原料定量计算的一个重要数据。

1. 测定织缩率的方法

测定的方法：在织物样品的不同位置上，量出一定长度，在此距离的两端划一条明显而准确的记号线（记号间距离最好为 10cm，样品尺寸小时可适当缩短距离，但不宜小于 5cm），拆出若干根经纱，将屈曲的经纱理直（注意避免人为伸长），用尺正确测量两个记号线之间的长度。然后用下式计算：

$$a_j = \frac{L_1 - L_0}{L_1}$$

式中：a_j——经纱缩率；

L_1——经纱长度；

L_0——织物长度。

测定纬向织缩率，在不同位置上测 10 次，取平均值。

2. 注意事项

（1）在拆出或伸直纱线时，不能使纱线发生退捻或加捻。

（2）尽量避免纱线伸直时的人为伸长。

（3）对于黏胶纤维在湿态时很容易伸长，在操作时应避免手汗潮湿纤维。

3. 实验记录

所量织物长度：经向_____ cm，纬向_____ cm。

纱线长度填写见表 2-1。

表 2-1 纱线长度测定表

编次	1	2	3	4	5	6	7	8	9	10	平均值
经向											
纬向											

计算结果：经向缩率_____%，纬向缩率_____%。

（五）测定织物的经纬密度

织物的经纬纱密度是织物结构参数的一项重要内容，密度的大小，影响织物的物理力学性能（外观、手感、厚度、强力、抗折性、透气性、耐磨性和保暖性等），同时也关系到产品的成本和生产效率的大小。

织物单位长度的经、纬纱根数，称作织物密度。织物密度分经密和纬密两种。

密度还分为公制密度和英制密度两种，公制密度是指 10cm 长度内的纱线根数；英制密度指的是 1 英寸（2.54cm）内的纱线根数。常用的经、纬密度测定方法有以下两种。

1. 直接测定法

直接测定法是利用织物密度分析镜来进行的。

（1）5cm 密度分析镜。密度分析镜的刻度尺长度为 5cm，镜头下的玻璃片上刻有一条红线，在分析织物密度时，移动镜头，将玻璃片上的红线和刻度尺上的零点同时对准某两根纱线之间，以此为起点，边移镜头，边数纱线根数，直到 5cm 刻度线为止。数出的根数乘以 2，即为 10cm 中的纱线根数。如图 2-10 所示。

（2）1 英寸分析镜。企业里常采用的是用 1 英寸的照布镜进行测量。照布镜内的方框里的宽度是 1 英寸，平铺织物后数出方框内的根数，即为该织物的英制经密或者英制纬密，如图 2-11 所示。

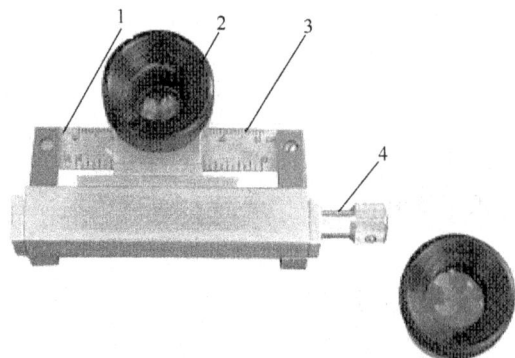

图 2-10 5cm 密度分析镜
1—刻度尺 2—放大镜 3—刻度线 4—转动螺杆

图 2-11 1 英寸分析镜

2. 间接测定法

这种方法适用于密度大、纱线线密度细的规则组织的织物。首先分析得出织物组织及其完全组织经纱数和完全组织纬纱数。然后再测算10cm内的组织循环个数。

沿纬向10cm长度内，测定出织物的组织循环经纱根数 R_j，其组织循环个数为 n_j，则经纱密度 $P_j = R_j \times n_j$（根/10cm）

同理，沿经向10cm长度内，测出织物的组织循环纬纱根数为 R_w，其组织循环个数为 n_w，则纬纱密度 $P_w = R_w \times n_w$（根/10cm）。

织物单位长度中排列的丝线根数称作织物密度，有经向密度和纬向密度之分。织物密度通常以10cm或1cm中纱线根数为计量单位。

3. 注意事项

（1）在放置工具时，必须与纱线平行，织物必须平铺。

（2）在数纱线根数时，要以两根纱线间隙的中央为起点，若数到终点时，落在纱线上，超过0.5根，而不足1根时，应按0.75根计；若不足0.5根时，则按0.25根计。

（3）用1英寸照布镜数根数时的精确度为0.5根。

（4）一般应测得3~4个数据，然后取其算术平均值作为测定结果。

4. 实验记录

测定结果填入实验记录表（表2-2）

表2-2 实验记录表

次数	1	2	3	平均值
经密				
纬密				

（六）组织分析

1. 工具

照布镜、分析针。

2. 方法及步骤

当织物经纬密度较小，纱线较粗，组织简单时，可在分析镜下直接观察经纬交织规律，并将其交织规律填入意匠纸的方格中，画出组织图。在织物密度较大，原料线密度较细，组织复杂时，要用拨拆法来分析织物组织，其步骤如下。

（1）将样品的经纬纱沿边拆去1cm左右，以形成丝缨。

（2）在分析镜下用针拨第一根经丝（或纬丝），在丝缨中，在照布镜下观察第一根经丝（或纬丝），与数根纬丝（或经丝）的浮沉规律，并且把这一规律记录在方格纸上然后抽掉已拔出的经丝（或纬丝）。

（3）拨出第二根丝线，用与上述相同的方法，记录第二根丝线的沉浮规律，这样一直到出现循环为止。

（4）分析色织物时，必须将色纱排列循环与组织配合起来。在记录经纬浮沉规律时，也必须将相应的色纱标出颜色，一般将色经循环标在组织图上方，将色纬循环标在组织图左方；标注上颜色名称和根数，组织图上的经纱根数为组织循环经纱数与色纱循环经纱数的最小公倍数，纬纱根数为组织循环纬纱数与色纱循环纬纱数的最小公倍数。

（5）画出组织图。

3. 注意事项

（1）在选择拨拆方向时，即选择拨拆经纱还是纬纱时，最好将密度大的纱线拨开，这样可以借助另一系统纱线间隙看清经纬交织情况。

（2）意匠纸上记录组织点的方向应与拨拆的方向完全相同。

（3）拨拆纱线的根数必须保证经纬纱有两个完全循环出现才能确定其组织。

（4）分析色织物时，要注意色纱与组织的配合。

（5）为帮助分析织物，在织物背面进行适当衬托，在分析深色织物时，可用白色纸作衬托，在分析浅色织物时，可用黑色纸加以衬托。

三、分析结果汇总

实验数据汇总表见表 2-3，组织图绘于图 2-12 意匠纸中。

表 2-3　实验数据汇总表

密度	经密	公制（根/10cm）	英制（根/英寸）
	纬密	公制（根/10cm）	英制（根/英寸）
织缩率（%）	经向		
	纬向		
色纱排列	经纱		
	纬纱		

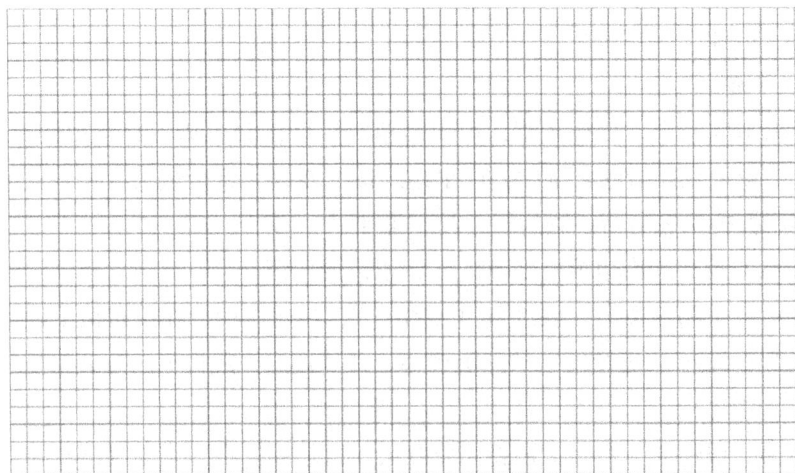

图 2-12　组织图

项目三　变化组织及其织物

❋ 项目情境

某衬衣生产厂家设计今年春秋季衬衣面料，客户要求采用富于变化的组织配合不同色纱形成多种外观风格的面料，作为厂家的面料设计师，请根据客户需要分别设计出不同的织物组织上机图，并最终完成打样工作，供客户挑选。

❋ 项目准备

在原组织的基础上加以变化而得到的各种组织称作变化组织。变化的方法主要是改变组织的组织点浮长和飞数，从而也就改变了组织循环的大小。变化组织分为三大类：平纹变化组织、斜纹变化组织和缎纹变化组织。

（1）平纹变化组织。包括重平组织、方平组织等。

（2）斜纹变化组织。包括加强斜纹、复合斜纹、角度斜纹、曲线斜纹、山形斜纹、破斜纹、菱形斜纹、锯齿形斜纹、芦席斜纹等。

（3）缎纹变化组织。包括加强缎纹、变则缎纹等。

一、平纹变化组织及其织物

在平纹组织的基础上，沿一个方向（经向或纬向）或同时沿两个方向延长组织点，即可得到平纹变化组织。平纹变化组织有重平组织和方平组织两类。

（一）重平组织

以平纹组织作为基础组织，沿一个方向（经向或纬向）延长组织点，即可构成重平组织。根据其延长组织点的方向可分为两类，沿经向上延长组织点的称作经重平组织，沿纬向上延长组织点的称作纬重平组织。

图 3－1（a）是由平纹组织沿经纱方向上、下各延长一个组织点而形成的。沿经纱方向看，经纱与纬纱的交织情况是连续两个经组织点之后又连续两个纬组织点，称作"二上二下经重平组织"，记作"$\dfrac{2}{2}$经重平"。图 3－1（b）则是由平纹组织沿经纱方向上、下各延长两个组织点而形成的，称作"三上三下经重平组织"，记作"$\dfrac{3}{3}$经重平"。从图 3－1 中可以看出经重平组织的参数为：

$$R_j = 2$$
$$R_w = 分子 + 分母$$

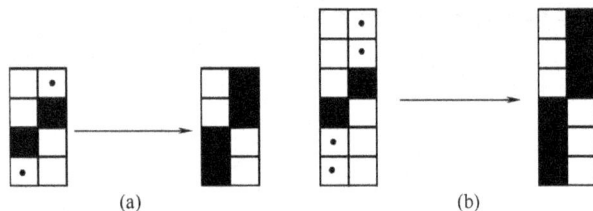

图 3 - 1   经重平组织

经重平组织的绘图方法是，首先利用经重平的参数，确定组织循环经纱数和组织循环纬纱数；然后在第一根经纱上按照分式表示法所示的交织规律填绘经组织点；最后在第二根经纱上填绘与第一根经纱上的组织点互为相反的组织点，即完成经重平组织的绘制。

经重平织物的外观呈横向凸条纹。为了突出其横向凸条纹的效果，通常采用较细的经纱、较大的经密以及较粗的纬纱、较小的纬密来织制。因其经密较大，所以通常经重平组织宜采用飞穿法穿综，也可以用四页综顺穿法穿综。每筘齿穿入数为 2~4 入，如图 3 - 2 所示。

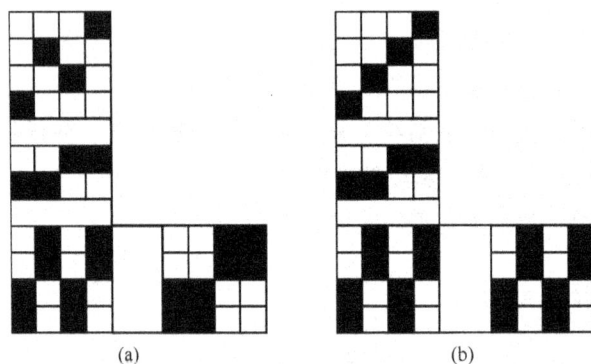

图 3 - 2   经重平组织的上机图

纬重平组织的许多特点是与经重平组织相对应的，如图 3 - 3 所示是由平纹组织沿纬纱方向向左、右各延长一个组织点而形成的。沿纬纱方向看，纬纱与经纱的交织情况是连续两个经组织点之后又连续两个纬组织点，称作"二上二下纬重平组织"，记作"$\dfrac{2}{2}$纬重平"。从图 3 - 3 中可以看出经重平组织的参数为：

$$R_j = 分子 + 分母$$

$$R_w = 2$$

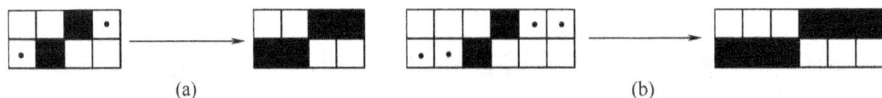

图 3 - 3   纬重平组织

纬重平组织的绘图方法是，首先利用纬重平组织的参数，确定组织循环经纱数和组织循环纬纱数，之后在第一根纬纱上按照分式表示法所示的交织规律填绘经组织点，之后在第二根纬纱上填绘与第一根纬纱上的组织点互为相反的组织点，即完成纬重平组织的绘制。

纬重平组织由于组织循环经纱数大于组织循环纬纱数。纬浮点连续，在织物表面形成与经重平组织相对应的纵向凸条。通常纬重平组织，当经密不大时，可采用两片综的照图穿综法。经密较大时，一般采用四片综顺穿方法或飞穿法。每筘齿穿入数与经重平组织相同，为 2～4 人。如图 3－4 所示，$\frac{2}{2}$纬重平分别采用照图穿法，四片综顺穿法和飞穿法。

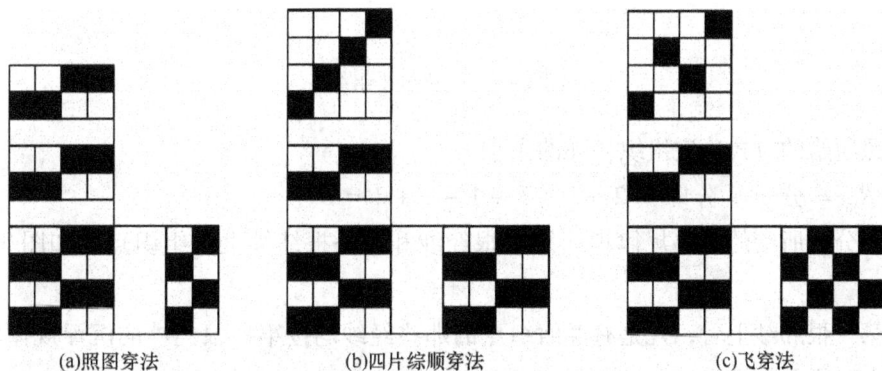

(a)照图穿法　　　　(b)四片综顺穿法　　　　(c)飞穿法

图 3－4　纬重平组织上机图

当重平组织中的浮长线长短不同时，称为变化重平组织。图 3－5（a）为$\frac{2}{1}$变化经重平组织，图 3－5（b）为$\frac{2}{1}$变化纬重平组织。在织制变化重平组织时，其上机方法与重平组织的相类似。

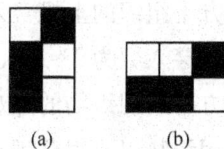

(a)　　　(b)

图 3－5　变化重平组织

经重平组织可用于服装及装饰织物，常作布边组织和毛巾织物的地组织；纬重平组织除用于衣着类织物外，常用作布边组织；变化重平组织也常用于衣着用织物，如$\frac{2}{1}$变化纬重平组织常用作麻纱织物的组织，而毛织物也常常采用变化重平组织，如花呢、女衣呢等。

（二）方平组织

在平纹组织的基础上，沿着经向和纬向同时延长组织点，使浮长线组成方块形，这样所得的组织称作方平组织，如图 3－6 所示。

方平组织也可以用分式来表示。图 3－6（a）、（b）所示的方平组织可分别表示为"$\frac{2}{2}$方平"与"$\frac{3}{3}$方平"组织。从图中可以得到方平组织的组织参数：

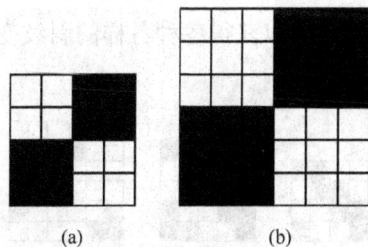

(a)　　　(b)

图 3－6　两种方平组织

$$R_{\mathrm{j}} = R_{\mathrm{w}} = 分子 + 分母$$

当方平组织的分式中分子与分母为两个不相等数，或者有多个分子或分母时，它所形成的组织称作变化方平组织。如图 3-7（c）为 $\dfrac{2\ 1\ 1}{1\ 1\ 2}$ 变化方平组织，其作图方法与步骤如下。

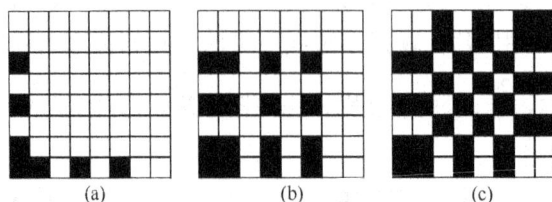

图 3-7　变化方平组织

①按照所给的分式确定组织循环的大小。

$R_j = R_w =$ 分子 + 分母 $= 2 + 1 + 1 + 1 + 1 + 2 = 8$。

②按照分式所给的沉浮规律填绘第一根经纱和第一根纬纱上的组织点，如图 3-7（a）所示。

③从第一根纬纱上看，凡是有经组织点的那些经纱均按第一根经纱的沉浮规律填绘，如图 3-7（b）所示。

④其余各根经纱均按与第一根经纱相反的沉浮规律填绘组织点，即得出变化方平组织的组织图，如图 3-7（c）所示。

方平组织的上机常采用顺穿法穿综，或采用两页综照图穿法，也可以用复列式飞穿法。每筘齿穿入数为 2~4 入。

方平组织织物的外观平整，光泽良好。其棉型织物除用作衣着外，还可用作桌布、餐巾等日用织物以及银幕用布，方平组织在布边中也有较广泛的应用。而毛织物中的精纺花呢为板司呢，其组织为 $\dfrac{2}{2}$ 方平或 $\dfrac{3}{3}$ 方平组织。变化方平组织织物由于经、纬浮长线的变化而以其光线反射的不同，因而可以形成各种图案的隐格效应。采用变化方平组织的棉、麻织物常用作家具与装饰用料。采用这类组织的毛织物有女衣呢、花呢等。

二、斜纹变化组织及其织物

在原组织斜纹的基础上，采用延长组织点，改变飞数，改变斜纹方向，增加斜纹条数等方法，可以获得各种各样的斜纹变化组织。变化斜纹织物无论在服装或装饰织物等方面均有广泛的应用。

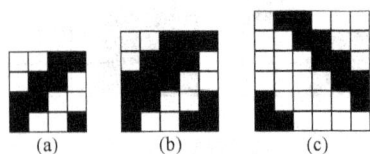

图 3-8　加强斜纹组织

（一）加强斜纹

加强斜纹是斜纹变化组织中最为简单的一种，它是在原组织斜纹的单个组织点旁延长组织点而成的斜纹组织。如图 3-8 所示，在加强斜纹的组织图中，没有单独组织点的存在。

加强斜纹也可用分式表示。分式中各数字与符号的意义与原组织斜纹的相同。如图3-8（a）可表示为"$\dfrac{2}{2}\nearrow$"，读作"二上二下右斜纹"；（b）可表示为"$\dfrac{3}{2}\nearrow$"，读作"三上二下右斜纹"；（c）可表示为"$\dfrac{2}{4}\nwarrow$"，读作"二上四下左斜纹"。从图中可以总结出加强斜纹的参数：

$$R_j = R_w \geq 4$$
$$S_j = \pm 1$$

在分式中：如分子大于分母，则此组织的正面，经组织点多于纬组织点，称作经面加强斜纹，如图3-8（b）所示；如分子小于分母，经组织点少于纬组织点，称作纬面加强斜纹，如图3-8（c）所示；如分子等于分母，则称作双面加强斜纹，如图3-8（a）所示。

加强斜纹组织的绘图方法：首先根据加强斜纹的参数确定完全组织循环数；然后在第一根经纱上按照分式填绘组织点；再根据给出的斜纹方向（当斜纹斜向为右斜，那么S_j取1；当斜纹斜向为左斜，那么S_j取-1）填绘第二根经纱上的组织点，直至填绘完全部经纱。

加强斜纹织物上机织制时，若织物的经密较小，可采用顺穿法，如图3-9（a）所示；若织物经密较大，为了降低综丝密度以减少其对经纱的摩擦，通常采用复列式综框飞穿法穿综，如图3-9（b）所示。每筘齿穿入的经纱根数一般为2~4根。

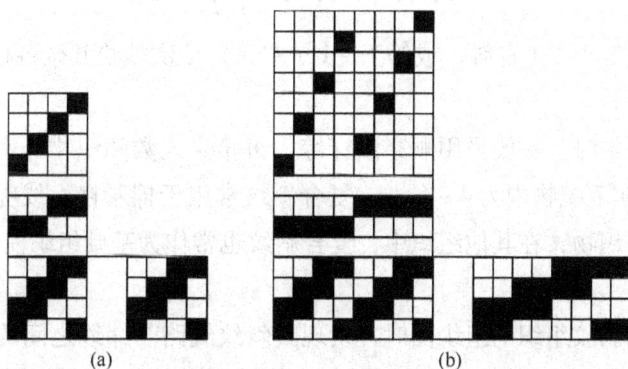

图3-9 加强斜纹组织的上机图

加强斜纹组织中，应用最多的是$\dfrac{2}{2}$加强斜纹组织。这种组织浮长线不长，布身紧密厚实，适用于中厚型织物，在棉、毛、丝织物中均有广泛应用。例如，在棉织物中有哔叽、华达呢和卡其等；在精纺毛织物中有哔叽、华达呢、啥味呢等；在粗纺毛织物中有麦尔登、海军呢、制服呢、海力斯等；在精粗纺中各类花呢、大衣呢和各类毛毯中也均有应用；在丝织物中有真丝绫、闪色绫、斜纹绸等。

$\dfrac{2}{2}$加强斜纹组织还常用作其他组织的基础组织，也可以用作斜纹织物的布边。

（二）复合斜纹

在一个完全组织循环中，由同一方向经浮长线或纬浮长线构成的两条或两条以上斜纹纹路的组织称作复合斜纹组织（图3－10）。

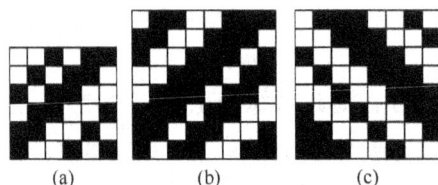

图3－10　复合斜纹组织

复合斜纹组织也可用分式表示。如图3－10（a）为$\dfrac{2\ 1}{1\ 2}$↗、图3－10（b）为$\dfrac{3\ 2}{2\ 1}$↗、图3－10（c）为$\dfrac{3\ 1}{2\ 2}$↖。从图中可以总结出复合斜纹组织的参数：

$$R_j = R_w \geq 5$$
$$S_j = S_w = \pm 1$$

绘图时，首先根据所给分式中分子、分母之和确定组织循环纱线数，以图3－10（a）为例，$R_j = R_w = 2 + 1 + 1 + 2 = 6$，之后再根据分式$\dfrac{2\ 1}{1\ 2}$所规定的沉浮规律填绘第一根经纱的组织点。然后按飞数等于1（右斜）或等于－1（左斜）依次填绘其余各根经纱的组织点，直至完成一个组织循环。

织制复合斜纹织物时，一般采用顺穿法穿综，每筘穿入数随织物经密而不同，在棉织物中为每筘2~4入，在毛织物中为4~6入。复合斜纹常用于棉彩格女线呢、毛彩格粗花呢及中长纤维仿毛花呢等织物，在其他组织中，复合斜纹也常作为基础组织使用。

（三）角度斜纹

在用方格纸绘制斜纹组织的组织图时，发现其斜纹纹路与纬纱之间的夹角（称作斜纹线倾角，以"θ"表示）均为45°。但在实际织物中，其斜纹线倾角往往不是45°，如前述的哔叽、华达呢等。

经研究发现影响斜纹线倾角的因素有两个：经、纬密度的比值，斜纹组织的飞数。

1. 经纬纱密度对斜纹线倾角的影响

当斜纹组织的经、纬向飞数$S_j = S_w = \pm 1$时，斜纹织物经纬密度的变化对斜纹线倾角的影响可用下式表示：

$$\tan\theta = \dfrac{\dfrac{1}{P_w}}{\dfrac{1}{P_j}} = \dfrac{P_j}{P_w}$$

由此可见：

当 $P_j = P_w$ 时，如图 3 – 11（a），$\tan\theta = 1$，$\theta = 45°$。

当 $P_j > P_w$ 时，如图 3 – 11（b），$\tan\theta > 1$，$\theta > 45°$。

当 $P_j < P_w$ 时，如图 3 – 11（c），$\tan\theta < 1$，$\theta < 45°$。

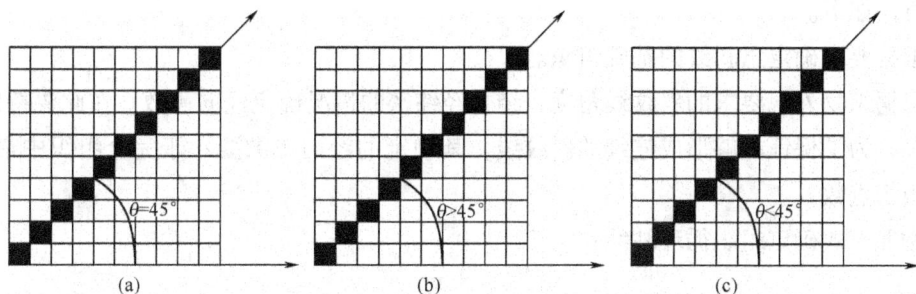

图 3 – 11 经纬密度对斜纹线倾角的影响

一般来说，斜纹织物的经密总是大于或等于纬密的，因此，其斜纹线倾角总是大于或等于 45°的。

2. 经、纬向飞数对斜纹线倾角的影响

在经密、纬密相等的条件下，斜纹组织经、纬向飞数的变化对斜纹线倾角的影响可从下式看出：

$$\tan\theta = \frac{S_j}{S_w}$$

通常把由于经纬向飞数变化而得到的斜纹线倾角不同的各种斜纹组织称作角度斜纹，当 $\theta > 45°$ 时，称作急斜纹，而 $\theta < 45°$ 的，则称作缓斜纹。

当 $S_j = S_w$ 时，如图 3 – 12（a）所示，$\theta = 45°$。

当 $S_j > 1$ 时，如图 3 – 12（b）所示，$\theta > 45°$，构成急斜纹。

当 $S_j < 1$ 时，如图 3 – 12（c）所示，$\theta < 45°$，构成缓斜纹。

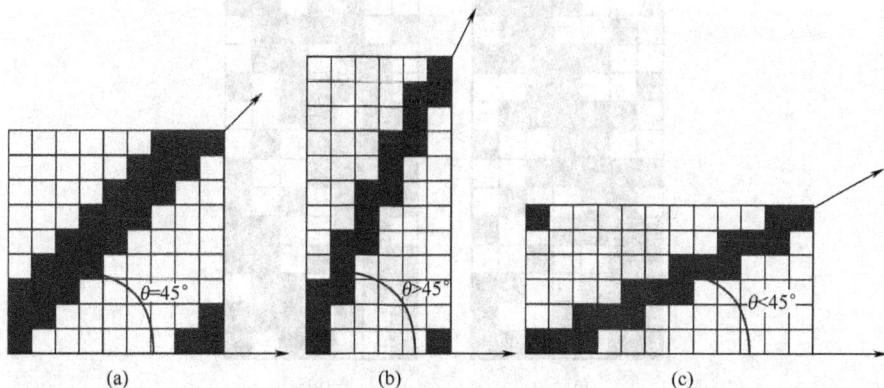

图 3 – 12 飞数对斜纹线倾角的影响

如果同时考虑织物的经纬纱密度和组织飞数的影响，那么斜纹线倾角则按下式计算：

$$\tan\theta = \frac{P_j S_j}{P_w S_w}$$

接下来对急、缓斜纹分别进行详细研究。

（1）急斜纹组织。急斜纹组织通常采用加强斜纹或复合斜纹作为基础组织，同时 $S_j>1$。其绘制方法如下。

①根据要求确定急斜纹的基础组织。

②根据织物外观要求的斜纹线角度，结合经纬密的情况确定经向飞数。在此要特别说明，一般情况，为了保证能够形成连续的斜纹线，其确定的经向飞数要小于完全组织中最大的经向连续组织点数。

③按照下式确定组织循环纱线：

$$R_j = \frac{R_{0j}}{R_{0j} \text{ 与 } S_j \text{ 的最大公约数}}$$

$$R_w = R_{0w}$$

式中：R_{0j}、R_{0w}——基础组织的组织循环经纱数与组织循环纬纱数。

④画出组织图的范围，并在第一根经纱上按照分式的规律填绘组织点。

⑤按照 S_j 的规律画出其他的组织点，完成组织图。

如图 3-13（a）所示为以 $\frac{5\ 1\ 1\ 1}{1\ 2\ 2\ 1}\nearrow$ 复合斜纹为基础组织，经向飞数为 2 的急斜纹组织，$R_j = \frac{14}{14 \text{ 与 } 2 \text{ 的最大公约数}} = \frac{14}{2} = 7$，$R_w = 14$。如图 3-13（b）所示为以 $\frac{4\ 4\ 1}{1\ 2\ 2}\nearrow$ 复合斜纹为基础组织，经向飞数为 2 的急斜纹组织。

急斜纹组织在棉、毛与仿毛织物中应用比较广泛。如棉二六元贡采用 $\frac{5\ 5}{1\ 2}\nearrow$ 斜纹为基础，飞数为 2 的急斜纹；棉克罗丁采用 $\frac{4\ 4\ 1}{1\ 2\ 2}\nearrow$ 斜纹为基础组织，经向飞数为 2 的急斜纹组

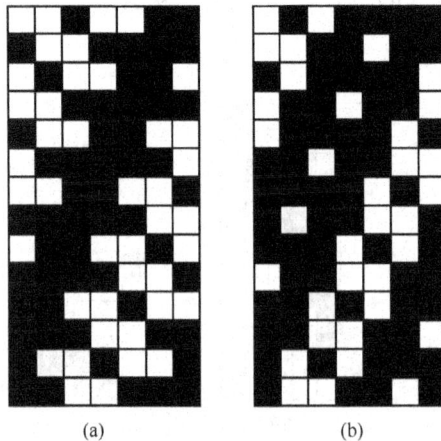

(a)　　　　　　(b)

图 3-13　急斜纹组织

织，如图 3-13（b）所示；毛织物中如礼服呢、马裤呢、巧克丁等。

（2）缓斜纹组织。缓斜纹组织与急斜纹组织相似，其基础组织也常采用加强斜纹或复合斜纹作为基础组织，同时 $S_w > 1$。其绘制方法如下。

①根据要求确定缓斜纹的基础组织。

②根据织物外观要求的斜纹线角度，结合经纬密的情况来确定纬向飞数。

③按照下式确定组织循环纱线：

$$R_j = R_{0j}$$

$$R_w = \frac{R_{0w}}{R_{0w} 与 S_w 的最大公约数}$$

式中：R_{0j}、R_{0w}——基础组织的组织循环经纱数与组织循环纬纱数。

④画出组织图的范围，并在第一根纬纱上按照分式的规律填绘组织点。

⑤按照 S_w 的规律画出其他的组织点，完成组织图。

如图 3-14 所示为以 $\dfrac{4\ 1}{2\ 2}\nearrow$ 复合斜纹为基础，纬向飞数为 2 的缓斜纹组织。

图 3-14　缓斜纹组织

（四）曲线斜纹

在角度斜纹中，如使经（或纬）向飞数成为一个变数，则斜纹线必然呈现曲线形外观。当飞数增加时，斜纹线的倾斜角增大；反之，斜纹线的倾斜角减小。如变化经向飞数 S_j 的数值，则构成经曲线斜纹；变化纬向飞数 S_w 的数值，则构成纬曲线斜纹。

绘制曲线斜纹时，飞数的值是可以任意选定的，但必须注意满足以下两个要求。

（1）使 $\sum S_j$ 等于 0 或为基础组织的组织循环纱线数的整数倍。

（2）最大飞数必须小于基础组织中最长的浮线长度，以保证曲线的连续。

如图 3-15（a）所示为以 $\dfrac{4\ 1\ 3}{1\ 2\ 4}\nearrow$ 复合斜纹为基础组织，按下列经向飞数的变化顺序绘制的经曲线斜纹。$S_j = 0$、1、0、1、0、1、0、1、1、0、1、1、1、1、2、1、2、2、2、2、1、2、1、1、1、1、0、1、0、1。这些飞数的总和为 30，恰为基础组织循环纱线数的 2 倍。

如果同时变化经纬向飞数 S_j、S_w 的数值和方向，所构成的曲线斜纹，其弯曲形状则多种多样。图 3-15（b）是仍以 $\dfrac{4\ 1\ 3}{1\ 2\ 4}\nearrow$ 复合斜纹为基础组织，但按下列经向飞数的数值和方向的变化顺序绘制的经曲线斜纹。

$S_j = 2$、2、2、1、1、1、1、0、1、0、-1、0、-1、-1、-1、-1、-2、-2、-2、-1、-1、-1、-1、0、-1、0、1、0、1、1、1、1；飞数之和为 0。

经曲线斜纹的作图方法：首先确定组织循环纱线数，组织循环纱线数 R_j = 变化的经向飞数 S_j 的个数，组织循环纬纱数 R_w = 基础组织的组织循环纱线数。然后在第 1 根经纱上按照基础组织填绘组织点，其余各根经纱依次按照规定的飞数 S_j 逐根填绘即可。

织制经曲线斜纹，可采用照图穿法，综页数等于基础组织所需的综页数。

图 3－15　曲线斜纹组织

纬曲线斜纹的作图方法与经曲线斜纹相似。

曲线斜纹组织常用于织制装饰织物和服用织物。

（五）山形斜纹

在某一斜纹组织基础上，经一定根数纱线后，改变斜纹方向，使斜纹线连续成山峰状，这样的斜纹组织称作山形斜纹组织。山形斜纹的山峰若指向经纱的方向则为经山形斜纹，如图 3－16（a）、（b）所示；若指向纬纱方向，则为纬山形斜纹，如图 3－16（c）所示。

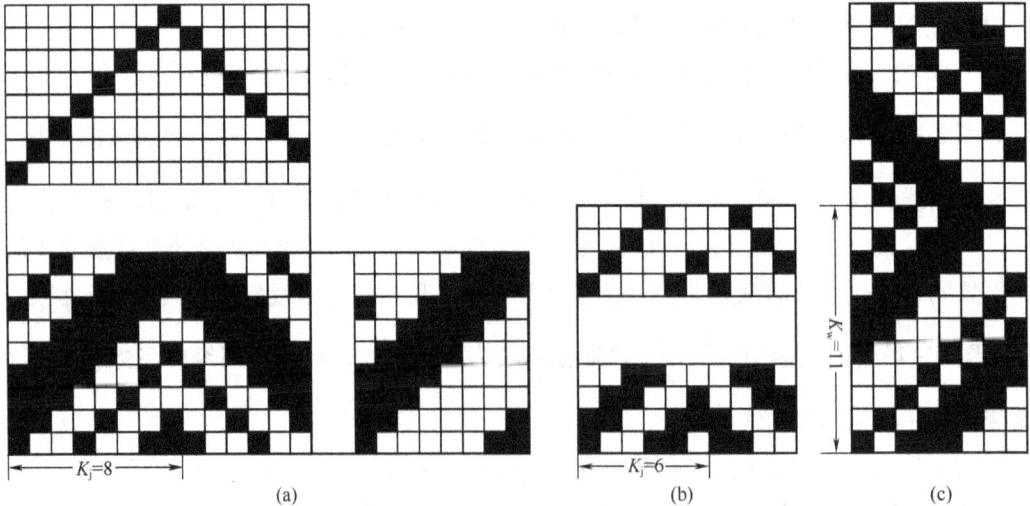

图 3－16　山形斜纹组织

从图中可以发现，山形斜纹的特点是以作为山峰顶（或谷底）的一根纱线（经山形为经纱，纬山形为纬纱）为轴心，两侧对称。经山形斜纹的 $S_w=1$，同时斜纹线的右侧 $S_j=1$ 而左侧 $S_j=-1$。纬山形斜纹的 $S_j=1$，斜纹线的下半部分 $S_w=1$，上半部分 $S_w=-1$。我们把斜纹线方向改变前的纱线根数用 K 表示。

1. 经山形斜纹

如图 3-16 中（a）和（b）所示为经山形斜纹。从图中可以总结出其参数为：

$$R_j = 2K_j - 2$$
$$R_w = R_{0w}$$

式中：R_{0w}——基础组织的组织循环纬纱数。

其绘图步骤如下。

①选定基础组织，常用的基础组织有原组织斜纹、加强斜纹和复合斜纹。

②确定斜纹线方向改变前的纱线根数，也就是 K_j 值。

③根据其参数确定组织循环纱线数。

④从第一根经纱到第 K_j 根，按基础组织，$S_j = 1$ 填绘组织点。

⑤从第 $K_j + 1$ 根经纱开始，按与基础组织的 S_j 符号相反的方向填绘组织点，即 $S_j = -1$。直至画完一个完全组织。

图 3-16 中（a）是以 $\frac{4\ 1}{2\ 2}$ 斜纹为基础组织，$K_j = 8$ 的经山形斜纹；而（b）则为以 $\frac{2}{2}$ 斜纹为基础组织，$K_j = 6$ 的经山形斜纹。

根据上述基本的山形斜纹组织的绘作原理，可以作出许多变化的山形斜纹组织，如图 3-17 所示变化山形斜纹即应用此原理绘作而成。

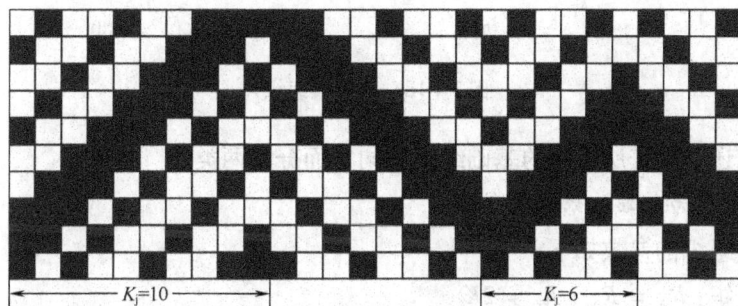

图 3-17 变化山形斜纹

经山形斜纹织物上机采用照图穿法，所得穿综图如山的形状。所以通常把穿综图为山形的照图穿法称作山形穿法。经山形斜纹所需综框数取决于 K_j 的大小。当 K_j 等于或大于基础组织循环经纱数时，综框数等于基础组织循环经纱数；当 K_j 小于基础组织循环经纱数时，则综框数等于 K_j。

2. 纬山形斜纹

纬山形斜纹是以斜纹线方向改变前的 K_w 根纬纱作为对称轴，在它上、下对称位置的纬纱，其组织点浮沉规律相同。其参数为：

$$R_j = R_{0j}$$
$$R_w = 2K_w - 2$$

式中：R_{0j}——基础组织的组织循环经纱数。

其构图方法与经山形斜纹的相似。

图 3-16（c）是以 $\frac{1\ 3}{1\ 3}$ 斜纹为基础组织，$K_w = 11$ 的纬山形斜纹。

纬山形斜纹织物采用顺穿法穿综，综框页数等于组织循环经纱数。

（六）破斜纹

破斜纹也是由左斜纹和右斜纹组成，与山形斜纹的不同之处在于左斜纹和右斜纹的交界处有一条分界线，在分界线的两侧斜纹线呈破断状态，即其经纬组织点在分界线处两侧相反，把这一分界线称作断界，如图 3-18 所示。断界的存在是破斜纹组织的重要特征。以断界的指向不同有经破斜纹和纬破斜纹之分。断界沿经纱方向称作经破斜纹组织，如图 3-18 中（a）和（b）所示；断界沿纬纱方向则为纬破斜纹组织，如图 3-18 中（c）所示。

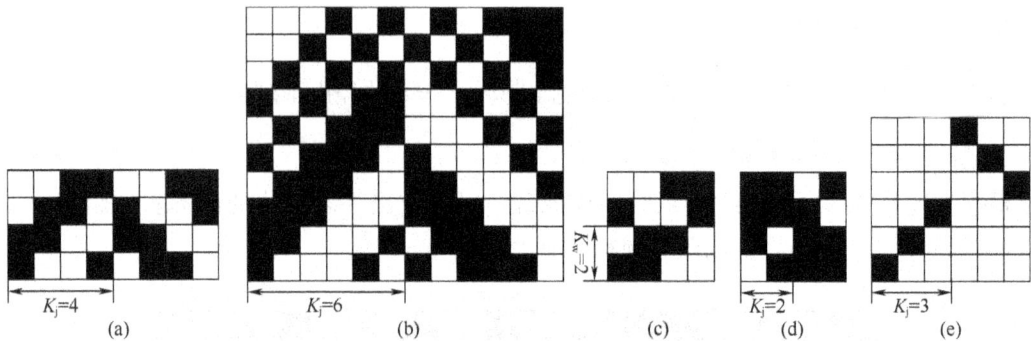

图 3-18 破斜纹组织

破斜纹组织还可以按所采用的基础组织不同，而分为两类。

1. 以双面斜纹为基础组织的破斜纹

这类破斜纹组织的参数如下。

经破斜纹组织：$R_w = R_{0w}$；$R_j = 2K_j$，

纬破斜纹组织：$R_j = R_{0j}$，$R_w = 2K_w$。

式中：R_{0j}、R_{0w}——基础组织的组织循环经纱数和纬纱数。

其作图方法与山形斜纹的相似，所不同的地方是在断界的右半部分，不仅斜纹线的方向要改变，同时与断界左边对称位置的纱线，其经纬组织点必须相反，即断界左侧经纱上若为经组织点那么对应右侧经纱上相应位置即为纬组织点，若左侧为纬组织点则右侧为经组织点。这种绘图方法，也称作"底片翻转法"。图 3-18（a）是以 $\frac{2}{2}$ 斜纹为基础组织，$K_j = 4$ 的经破斜纹；图 3-18（b）为以 $\frac{3\ 1\ 1}{1\ 1\ 3}$ 斜纹为基础组织，$K_j = 6$ 的经破斜纹；图 3-18（c）则是以 $\frac{2}{2}$ 斜纹为基础组织，$K_w = 2$ 的纬破斜纹。图 3-18（d）是以 $\frac{1}{3}$ 斜纹为基础组织，$K_j = 2$ 的经破斜纹。

2. 以原组织斜纹为基础组织的破斜纹

这类破斜纹的参数与以双面斜纹为基础组织的可破斜纹的参数相同。需要指出的是，这类破斜纹组织的 K 值通常为基础组织循环纱线数的一半。其作图方法以一个例子来说明，以 $\frac{1}{5}$ 为基础组织，作一破斜纹组织。据此基础组织，可知 $K_j = 3$，$R_j = 6$，$R_w = 6$。绘作时，前三根经纱按基础组织描绘，后三根则将基础组织中第 4、5、6 根经纱的顺序倒过来，即按 6、5、4 的顺序绘入完全组织，斜纹方向便反了。绘成的图形如图 3 - 18（e）所示。

这类破斜纹组织，虽然断界两侧斜纹方向相反，但对称纱线的经、纬组织点并不完全相反，即并不呈"底片翻转"关系，断界也不甚明显。

两类破斜纹组织在上机织制时，常用的穿综方法为照图穿法。

第一类破斜纹组织变化较多，同时由于断界明显，织物表面可呈现清晰的人字效应，所以其应用较山形斜纹广泛。通常所见的各种人字呢织物多数是破斜纹组织，如精纺毛织物中的各种花呢、大衣呢等，棉型织物中的男女线呢、床单布以及中长纤维的各种仿毛花呢等多为破斜纹。

以原组织斜纹为基础组织的破斜纹，最常用的一种是所谓的四枚破斜纹。它是以 $\frac{3}{1}$ 或 $\frac{1}{3}$ 斜纹为基础组织的破斜纹组织，棉织物中的坚固呢采用这种组织，可使布身更加紧密厚实，同时在毛、丝等各类织物中也有广泛的应用。

（七）菱形斜纹

将经、纬山形斜纹组织或经、纬破斜纹组织组合起来，在织物表面形成由斜纹线构成的菱形图案，这一类组织称作菱形斜纹组织，如图 3 - 19 所示。

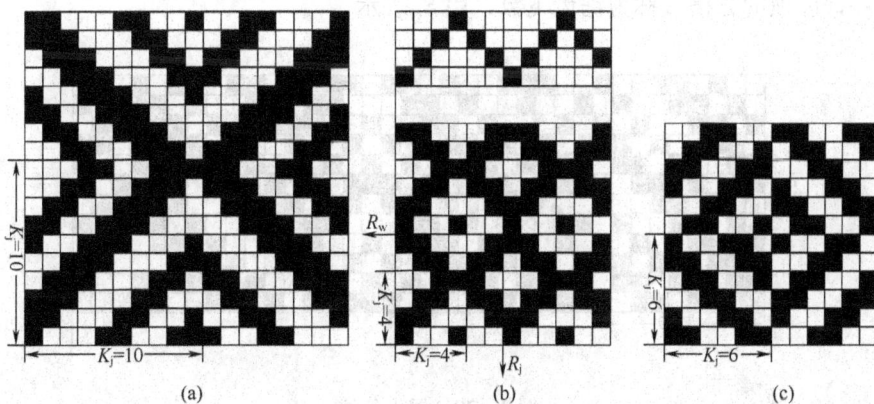

图 3 - 19 菱形斜纹

从图 3 - 19 中可以发现，构成菱形斜纹有两种方式，一种是按照山形斜纹构作，而另外一种则是按破斜纹构作。两种方式构作的菱形斜纹参数各不相同，分别如下。

按照山形斜纹构作的菱形斜纹：$R_j = 2K_j - 2$，$R_w = 2K_w - 2$；按照破斜纹构作的菱形斜纹：

$R_j = 2K_j$，$R_w = 2K_w$。

通过一个例子来说明菱形斜纹的绘制方法。

例：以 $\frac{2}{2}$ 斜纹为基础组织，$K_j = K_w = 4$ 按照山形斜纹的方法构作一菱形斜纹。

（1）首先，根据上面提到的参数公式求出其组织循环纱线数，由于题目要求按照山形斜纹构作，故 $R_j = R_w = 2K - 2 = 8 - 2 = 6$，按照其组织循环数画出大格子。

（2）在图上标出 K_j 和 K_w，并且在 K_j 和 K_w 的范围内填绘基础组织。

（3）之后再以基础组织为基础根据 K_j 画出经山形。

（4）最后再以第 K_w 根纬纱为对称轴，画出其余部分；最终如图3-19（b）所示。

按照破斜纹构作的菱形斜纹，其绘制方法与上面介绍的步骤相类似，图3-19（c）则为以 $\frac{2}{2}$ 斜纹为基础组织，按照破斜纹构作的菱形斜纹。

用山形斜纹画法构作菱形斜纹组织时，容易在顶点处出现过长的长浮线，应尽量避免。用破斜纹画法构成的菱形斜纹组织，则可以避免过长浮线的出现，又可使各斜纹线断界清晰、明显。

上机织制时，按照山形斜纹绘制的菱形斜纹一般采用山形穿法；而采用破斜纹绘制的菱形斜纹组织则常采用照图穿法穿综。

菱形斜纹组织花形对称，变化繁多，花纹细致美观，适用于各类服装和装饰织物。如棉织物中的女线呢、床单布，毛织物中的各种花呢等。

（八）锯齿斜纹

在山形斜纹基础上加以变化，使各山峰的峰顶处在一条斜线上，各山形连接成锯齿状，这样的斜纹组织称作锯齿形斜纹组织，如图3-20所示。在方格纸上，每一锯齿顶高于（或低于）前一锯齿顶的方格数称为锯齿飞数，用 S_{yj} 表示。

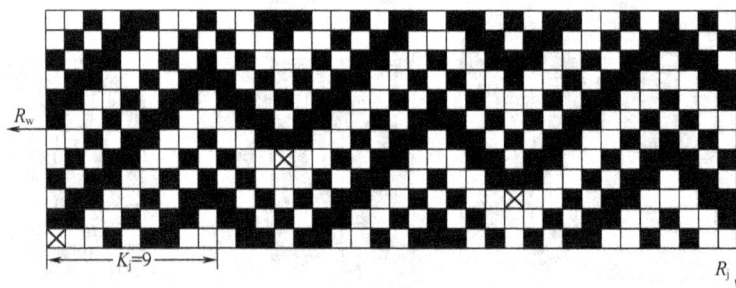

图3-20　锯齿斜纹

与菱形斜纹组织相同，以一个例子来说明锯齿斜纹的画法。

例：以 $\frac{2}{1}\frac{1}{2}$ 斜纹为基础组织，斜纹线改变方向前的纱线根数 $K_j = 9$，$S_{yj} = 4$，试绘作一个锯齿斜纹组织。

（1）确定组织循环纱线数 R_j、R_w。

为此，先求出一个锯齿内的经纱根数 Z_j 与一个组织循环内的锯齿个数 T。

$$Z_j = 2K_j - 2 - S_{yj} = 2 \times 9 - 2 - 4 = 12$$

$$T = \frac{R_0}{R_0 \text{ 与 } S_{yj} \text{ 的最大公约数}} = \frac{6}{6 \text{ 与 } 4 \text{ 的最大公约数}} = \frac{6}{2} = 3$$

$$R_j = Z_j \times T = 12 \times 3 = 36$$

$$R_w = R_0 = 6$$

式中：R_0 为基础组织循环纱线数。

（2）在组织循环内画出每一锯齿的范围，并根据锯齿飞数，画出每个锯齿内第一根经纱的起始组织点，如图 3 - 20 中符号 ⊠ 所示。

（3）根据 K_j，在每一个锯齿范围内，按山形斜纹的组织规律填绘组织点，逐个填完各锯齿，即得到一锯齿形斜纹的完全组织。

这里绘作的锯齿形斜纹，其峰顶指向经纱方向，所以称作经锯齿形斜纹，而峰顶指向纬纱方向的锯齿斜纹则称作纬锯齿形斜纹，如图 3 - 21 所示。

（九）芦席斜纹

芦席斜纹通常是由数目相等的几条左、右斜纹组合而成的，其图形外观好像编制的芦席，故称作芦席斜纹，如图 3 - 22 所示。

芦席斜纹的基础组织通常为双面加强斜纹。从图中可以总结出芦席斜纹的参数：

$R_j = R_w =$ 基础组织的组织循环纱线数 × 同一方向平行斜纹线的条数

其绘作方法，通过下面的一个例子来说明。

例：绘制一个以 $\frac{2}{2}$ 加强斜纹为基础组织，同方向上平行斜纹线的条数为 3 的芦席斜纹组织。

绘图步骤如下：

（1）根据题目的已知条件和芦席斜纹的参数公式可以得到组织循环纱线数：$R_j = R_w =$ 基础组织的组织循环纱线数 × 同一方向平行斜纹线的条数 = 12。

（2）根据其组织循环纱线数画出大格子，并把组织循环划分成相等的左、右两部分。

图 3 - 21　纬锯齿形斜纹

（3）从左半部分格子的左下角开始，按基础组织的浮沉规律描绘出第一条右斜纹，直到左半部分的最后一根经纱为止，用"■"表示，如图 3 - 23（a）所示。

（4）从右半部分第一根经纱开始，由左边第一条右斜纹顶端向上一定基础组织连续经组织点数，然后按左斜纹画法描绘出第一条左斜纹，用"▨"表示，如图 3 - 23（b）所示。

（5）按基础组织的浮沉规律，画出其余几条右斜纹，其长度与第一条右斜纹相同，且不

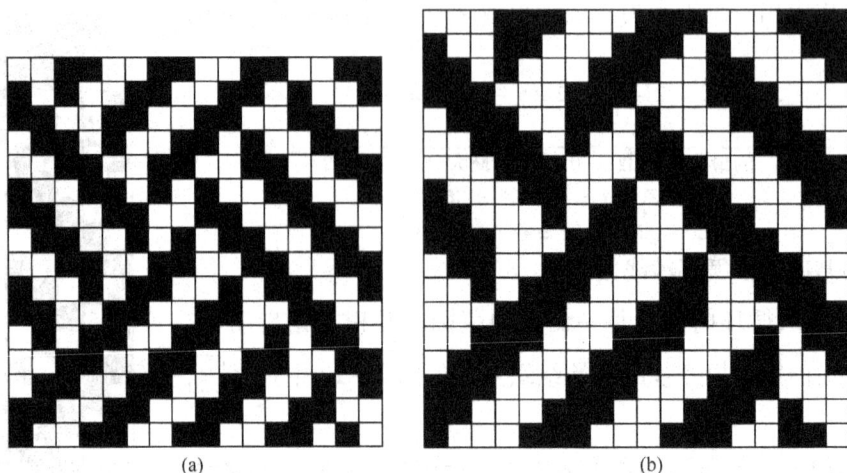

图 3 - 22　芦席斜纹组织

与左斜纹连续，如图 3 - 23（c）所示。

　　（6）按照同样的方法画出其余几条左斜纹，即完成芦席斜纹的绘制，如图 3 - 23（d）所示。

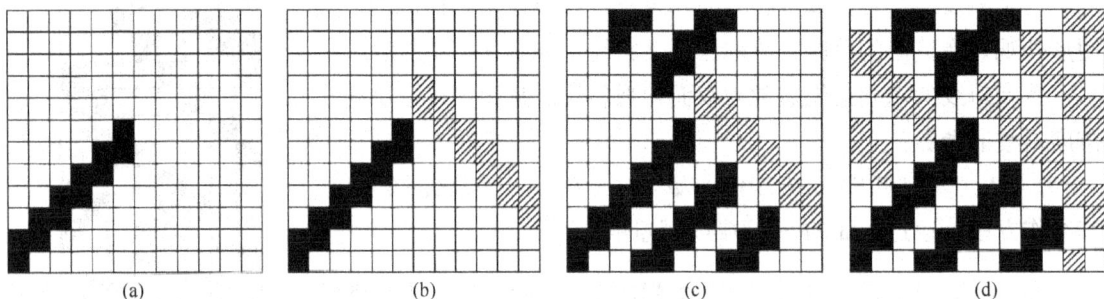

图 3 - 23　芦席斜纹组织的绘制步骤

　　芦席斜纹织物上机时采用照图穿法或顺穿法。

　　芦席斜纹花纹精致美观，在棉织物与化学纤维织物中用于女线呢、仿毛花呢等，在毛织物中用于各类花呢与女式呢等。

　　（十）螺旋斜纹

　　螺旋斜纹又称作捻斜纹，是以起点不同的两个相同斜纹组织，或 R_j、R_w 相同的不同斜纹组织为基础，经纱（或纬纱）按 1:1 相间排列而构成。如果配以两种不同颜色的纱线，效果则更明显。

　　选择两种基础组织时，要注意使构成的捻斜纹组织中各相邻的经（纬）纱上的纬组织点大部分相反，这样配置成的组织，奇数和偶数经纱（或纬纱）所组成的斜纹线可以互相分离，使织物外观呈现螺旋纹路。螺旋斜纹可以分为经螺旋斜纹和纬螺旋斜纹。按经纱顺序配置而成的是经螺旋斜纹，按纬纱顺序配置而成的是纬螺旋斜纹。经螺旋斜纹的组织循环经纱数等于两个基础斜纹组织的组织循环经纱数的最小公倍数的两倍，组织循环纬纱数等于两个基础斜纹组织的组织循环纬纱数的最小公倍数。图 3－24（a）为基础组织相同、起点不同的经螺旋斜纹；图 3－24（b）、图 3－24（c）为基础组织不同、R 值相同的经螺旋斜纹。

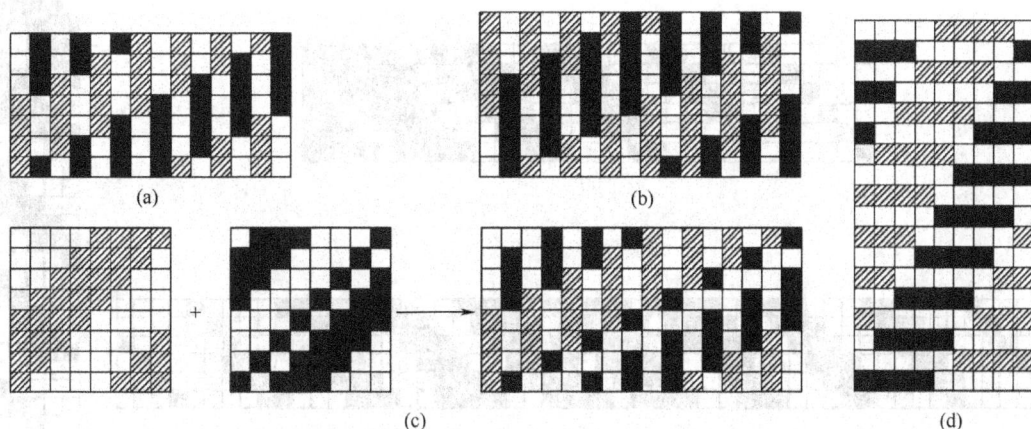

图 3－24　螺旋斜纹组织

经螺旋斜纹也可以看作是将基础组织循环纱线数 R 分成两个数。当 R 为奇数时，两数相差 1；当 R 为偶数时，分成两数相等和两数相差 2 的两组数。例如 $R=7$，则将 7 分成 4 和 3，得到两个相同的基础组织：$\dfrac{4}{3}\nearrow$，绘制的经螺旋斜纹如图 3－24（a）所示。如果 $R=8$，可将 8 分成 4 和 4、5 和 3 两组数，得到的基础组织为 $\dfrac{4}{4}\nearrow$ 和 $\dfrac{5}{3}\nearrow$，绘制的经螺旋斜纹如图 3－24（b）所示。图 3－24（c）是以 $\dfrac{4}{4}\nearrow$ 和 $\dfrac{1\ 3}{3\ 1}\nearrow$ 为基础组织作成的经螺旋斜纹组织。

将经螺旋斜纹旋转过 90° 就得到了纬螺旋斜纹，其作图方法与经螺旋斜纹的类似，如图 3－24（d）所示。

（十一）阴影斜纹

由纬面斜纹逐渐过渡到经面斜纹，或由经面斜纹逐渐过渡到纬面斜纹，或由纬面斜纹逐渐过渡到经面斜纹再过渡到纬面斜纹，得到的斜纹变化组织成为阴影斜纹。这种组织构成的织物表面呈现由明到暗或由暗到明的光影层次感，在提花织物中经常被应用。

阴影斜纹的绘图方法：以一个原组织的纬面斜纹为基础组织，其组织循环纱线数为 $R_{基}$，由纬面斜纹过渡到经面斜纹的过渡数为（$R_{基}-1$），则经阴影斜纹的组织循环经纱数 $R_j = R_{基} \times (R_{基}-1)$，组织循环纬纱数 $R_w = R_{基}$（纬阴影斜纹与其相反）。将 R_j 分成（$R_{基}-1$）组，每 $R_{基}$ 根纱线为一组，在第一组内填绘基础组织，然后从第二组开始，依次在每个 $R_{基}$ 循环内顺序递增经组织点的个数，直到画完一个组织循环为止。

图 3－25（a）是以 $\dfrac{1}{5}\nearrow$ 为基础组织的经阴影斜纹组织，图 3－25（b）是由纬面斜纹逐

渐过渡到经面斜纹再过渡到纬面斜纹得到的经阴影斜纹组织，图 3 - 25（c）是纬阴影斜纹组织。

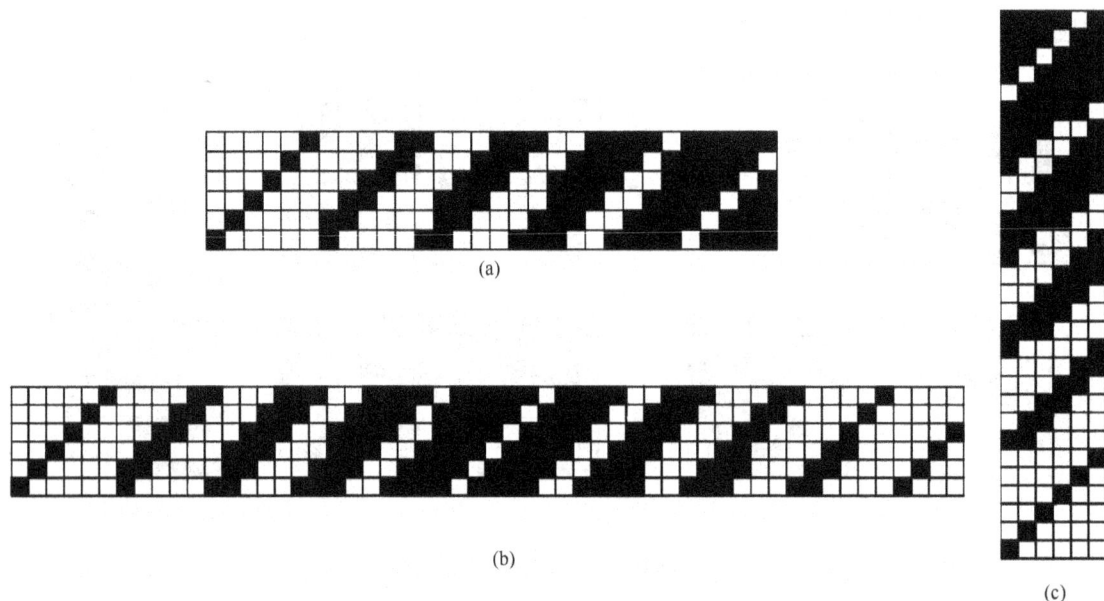

图 3 - 25 阴影斜纹组织

（十二）夹花斜纹

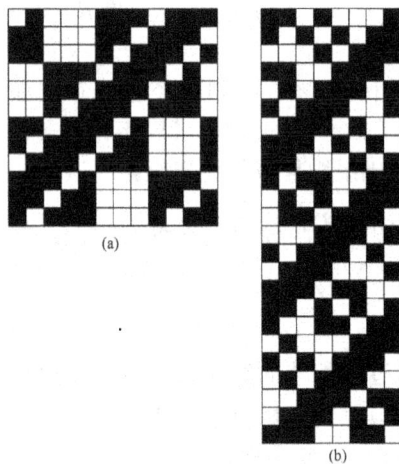

图 3 - 26 夹花斜纹组织

夹花斜纹是在斜纹组织中配以方平、重平或其他小花纹组织，使织物的外观活泼、优美，增加花色品种，夹花斜纹的基础组织常为加强斜纹组织。

在绘制夹花斜纹时，应先绘一个斜纹线，然后在空白处填入适当的组织。必须满足主体斜纹线与填绘的各个组织点不能相互接触，以免花纹不清晰，即至少空一个纬组织点。另外要注意第一根经纱与最后一根经纱的衔接，要保证组织连续。如图 3 - 26 所示为夹花斜纹组织。

三、缎纹变化组织及其织物

缎纹变化组织多采用增加经（或纬）组织点，变化组织点飞数或延长组织点的方法构成。

（一）加强缎纹

加强缎纹是以原组织的缎纹组织为基础，再在四周添加单个或多个经（或纬）组织点而形成的。

图 3 - 27（a）、图 3 - 27（b）均为八枚三飞的纬面加强缎纹，图 3 - 27（a）为在原来单

个组织点的右侧添加一个组织点而成，图3-27（b）为在原来单个经组织点的右上方添加一个组织点而成。这种形式的加强缎纹，一般用于刮绒织物，因增加经组织点后，再经过刮绒，可防止纬纱的移动，同时也能增加织物牢度。

图3-27（c）为十一枚七飞的纬面加强缎纹，是在原来单个经组织点的右上方添加三个组织点而成。采用此图织制时，若配以较大的经密，就可以获得正面呈斜纹而反面呈经面缎纹的外观，故称作缎背华达呢。这种组织在毛织物中采用较多。

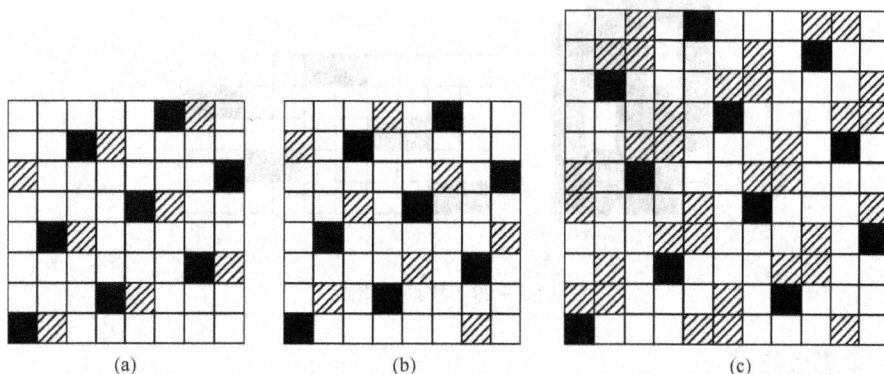

图3-27 加强缎纹组织

（二）变则缎纹

在本章第一节的缎纹组织中，曾指出缎纹组织的 R 和 S 必须互为质数，即当 R 与 S 有公约数时，不能作出缎纹组织。如当 $R=6$ 时，可作为飞数的2、3、4三个数，而这三个数和6都有公约数，所以 $R=6$ 根本不能构成正则缎纹（飞数始终不变的缎纹组织，成为正则缎纹）。但由于设计及织造时的具体情况，当必须采用六枚缎纹时，则在一个组织循环中，飞数就只能是变数，如图3-28（a）所示，其经向飞数 S_j 是2、3、4、4、3、2，这种缎纹称作变则缎纹。四枚缎纹也是如此，飞数只能是变数，如图3-28（b）所示。又如七枚缎纹，不管采用什么飞数值，所构成的缎纹组织，其组织点分布都不太均匀。如想得到组织点分布较为均匀的七枚缎纹，那么，采用变则缎纹较为合适，如图3-28（c）所示。

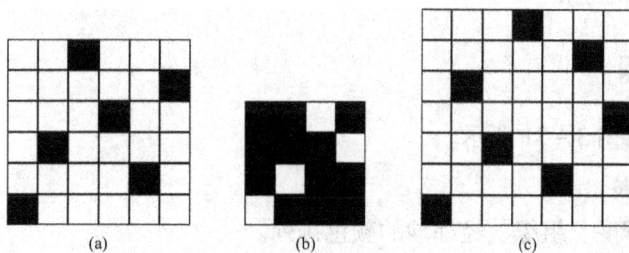

图3-28 变则缎纹组织

（三）重缎纹

延长缎纹组织的纬（或经）向组织循环根数，也就是延长组织点的经向（或纬向）浮长所得的组织称作重缎纹。如图 3 - 29（a）所示是扩大 $\dfrac{5}{2}$ 经面缎纹的纬向循环根数，称作 $\dfrac{5}{2}$ 经面重经缎纹组织，在手帕织物中广泛应用，而图 3 - 29（b）则为 $\dfrac{5}{3}$ 纬面重纬缎纹组织。

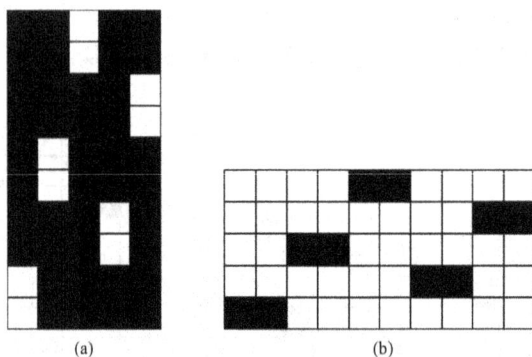

(a)   (b)

图 3 - 29   重缎纹组织

（四）阴影缎纹

与阴影斜纹组织类似，阴影缎纹组织是由纬面缎纹逐渐过渡到经面缎纹，或由经面缎纹逐渐过渡到纬面缎纹，或由纬面缎纹过渡到经面缎纹再过渡到纬面缎纹而得到的。作图方法也与阴影斜纹组织类似。图 3 - 30 为阴影缎纹组织。

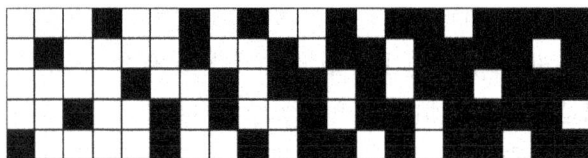

图 3 - 30   阴影缎纹组织

✻项目实施 小样试织

一、小样试织步骤

小样试织步骤如图 3 - 31 所示。

1. 设计织物规格

设计织物经纬密度、组织、经纬纱的颜色排列。

通常选用直径较粗、较松、刚性较大的纱，密度可小些；反之，当选用的纱较细、较紧、刚性小时，密度可大些。

2. 设计穿综方法

选择合适的穿综方法。

设计织物规格 ⇒ 设计穿综方法 ⇒ 设计布边组织 ⇒ 计算筘号 ⇒

计算总经根数 ⇒ 整经、穿综、插筘、绑纱 ⇒ 纬纱准备 ⇒

工艺数据输入、织造 ⇒ 剪样、贴样

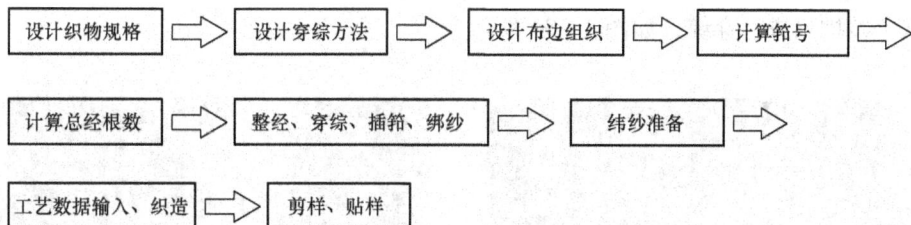

图 3 - 31 小样试织步骤

3. 设计布边组织

根据地组织选择合适的边组织。

（1）布边的作用。布边可起到锁边、增强、美化作用。

（2）布边的宽度。在生产中，为布幅宽度的 0.5% ~ 1.5%，在小样中为 16 × 2 根、24 × 2 根或 32 × 2 根等。

边经根数为边筘入数的整数倍。

（3）对边组织的要求。

①边组织与地组织的织缩率相近（交织次数相近）。

②两侧布边都要织上，无松散、脱落的现象，如图 3 - 32 所示。

③尽量不加边综。

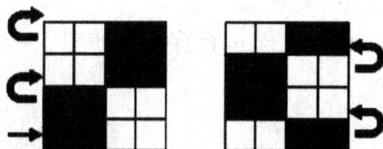

图 3 - 32 布边交织情况

常用的边组织有平纹、$\frac{2}{2}$斜纹、$\frac{2}{2}$方平、$\frac{2}{2}$重平。

（4）边经密度。依地经的密度确定。

当 $P_{j地}$ 较大时，$P_{j边} = P_{j地}$；当 $P_{j地}$ 较小时，$P_{j边} > P_{j地}$；当 $P_{j地}$ 很大时，$P_{j边} < P_{j地}$。

4. 筘号、每筘穿入数

根据经密选择筘号、每筘穿入数。

$$N_{公} = \frac{P_j \times (1 - a_w)}{每筘穿入数}$$

其中 a_w 一般为 3% ~ 7%。

5. 整经根数

根据经密和试织的宽度计算整经根数。

$$Z = \frac{P_j \times L}{10 + 边经根数 \times \left(1 - \dfrac{地经纱筘入}{边经纱筘入}\right)}$$

$$Z = 地经根数 + 边经根数$$

其中 L 为幅宽，Z 应修正为每筘穿入数的整数倍。

6. 整经

简易整经操作如图 3 - 33 所示。

7. 穿综

根据色纱排列进行穿综，如图 3 – 34 所示。

图 3 – 33　整经

图 3 – 34　根据穿综图进行穿综操作

8. 穿筘

根据工艺进行穿筘，如图 3 – 35 所示。

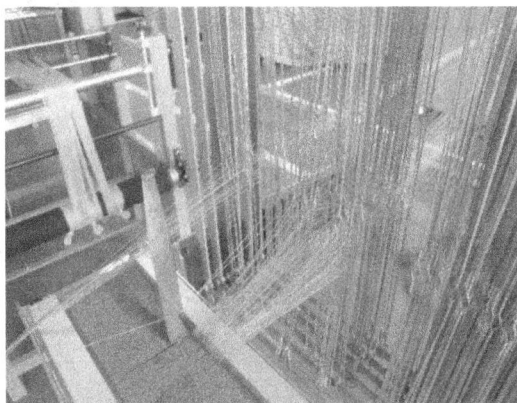

图 3 – 35　根据穿综图进行穿综操作

9. 整理经纱并按顺序绑均匀

将经纱整理整齐避免经纱之间相互纠缠打结，并将经纱按顺序均匀绑好。

10. 准备纬纱

按织造工艺确定的纬纱排列次序，分别将各纬纱筒子插入织样机的筒子座，并将各纬纱依次穿过纬纱张力器、导纱瓷眼、钩纱板钩口。

11. 工艺数据输入、织造

（1）打开总电源。

（2）运行织样机操作系统软件。

（3）进入设计系统，输入纹板图和选色图。

（4）在主界面上打开控制系统，在对话框中输入设计的纬密值后，按"进入控制系统"框或回车键，进入织样机的操作界面。

（5）运行空压机，打开织样机上的气压开关。

（6）调整上机工艺参数。包括经纱张力的调整、后梁高低的调整、中导杆（分绞棒）高低和前后位置的调整。

（7）在操作界面上打开已经设计好的纹板图，按操作面板上的启动按钮，再用鼠标单击"开始运行"按钮，启动织样机。

（8）从慢车开始织造，等完全开清梭口后即可按中控台上的"连续运行"按钮使织样机连续运转。

12. 剪样、贴样并记录小样试织的参数（表3-1、表3-2）

表3-1 小样织造的有关设备型号及其工艺参数

机器类型	开口装置	综框页数	每综穿入数		穿综顺序		筘号	每筘穿入数		缩率	
			地	边	地	边		地	边	经	纬

表3-2 织物小样规格

原料名称与混比	纱线规格	织物组织	幅宽	总经根数	边纱根数	密度	

二、注意事项

（1）学生第一次打织物小样，实习指导老师可以根据现有的纱支直接告诉学生合适的经纬密度以及每筘穿入数的选择。

（2）三原组织的经纬纱可以各只用一种颜色，但是要求经纱颜色与纬纱颜色对比强烈，以便使学生能直观地观察经纬纱交织的情况。

（3）插筘应特别注意钢筘左边起始位置。

（4）绑纱时注意边纱稍紧，中间稍松，特别要求经纱张力一定要均匀。

三、小样疵点及其处理方法

1. 错综

因初学者不熟练或者选择的穿综方法比较复杂，很容易出现错综的情况，可以根据错综的情况进行改正。

（1）穿综顺序错。把穿错的经纱部分重新穿。

（2）多穿、少穿综。视织物的组织可以直接减、增综丝，一般还需要重新穿综。

预防的方法：穿综时要小心，穿综后还必须再次检查才能插筘。

2. 错筘

筘齿中多穿或者少穿经纱。

（1）改正方法。重新插筘。

（2）预防方法。穿筘操作时要小心谨慎，并经常检查。

项目四 联合组织及其织物

❋项目情境

　　某衬衣生产厂家设计今年夏季衬衣面料，客户要求采用多种不同组织配合，搭配不同色纱形成多种外观风格的面料，作为厂家的面料设计师，请根据客户需要分别设计不同织物组织的上机图，并最终完成打样工作，供客户挑选。

❋项目准备

　　联合组织是将两种或两种以上的原组织或变化组织用各种方法联合而成的一类组织。构成联合组织的方法是多种多样的，按照各种不同的联合方法，可获得多种不同的联合组织，其中应用较广且具有特定外观效应的有条格组织、绉组织、透孔组织、蜂巢组织、凸条组织、网目组织、平纹地小提花组织等。

一、条格组织及其织物

　　用两种或两种以上的组织并列配置，使织物表面呈现条纹和格子图案的一类组织称作条格组织。条格组织可分为条纹组织和方格组织两类。

（一）条纹组织

　　由两种或两种以上的组织左右并列配置，在织物表面呈现纵向条纹效应的一类组织称作纵条纹组织，如图4-1所示。如果两种或两种以上的组织上下并列配置，那么这类组织称作横条组织。下面以纵条纹组织为重点来说明这类组织的绘作与应用。

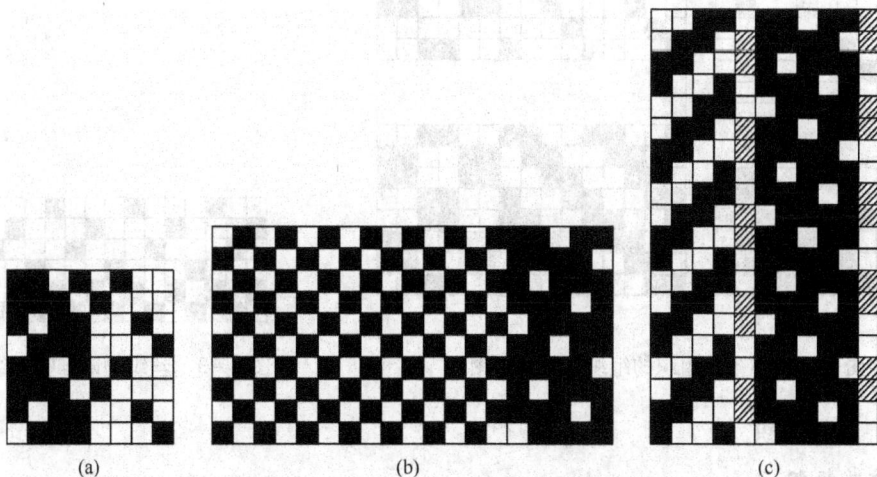

图4-1　纵条纹组织

虽然是两个组织简单的并列，但是这几种组织的选择与配置原则是务必使条纹清晰，同时便于织造。为此，在设计时需要注意以下几点。

（1）各条纹交界处相邻两根经纱上组织点的配置最好是底片翻转的关系，以使界线分明，如图4-1（a）所示的第4根与第5根经纱上经纬组织点的配置。

（2）如果各条纹交界处相邻两根经纱不能配成相反的经纬浮点，那么为使条纹分界清新，可在两条纹交界处嵌入一根另一组织或颜色的纱线，如图4-1（c）所示第5根与第11根经纱。但是要注意，此方法以不增加上机的复杂性为原则。

（3）为使条纹界限清晰，每个纵条纹的经纱数应为每筘齿穿入数的整数倍。

（4）各条纹组织的经纬纱交错次数不宜相差过大，否则，由于各条纹的缩率差异过大容易造成织物表面不平整。如遇这种情况，可以采用以下的补救措施：调整经纱的密度，使交错次数较少的那部分经纱具有较大的经密，而交错次数较多的那部分经纱经密则要适当小一些，如图4-1（b）所示，缎条部分因为交错次数少的缘故，其经密要比平纹条的经密大得多；在准备工序控制不同条纹纱线的张力，即对交错次数较少的那部分经纱给以较大的张力，交错次数较多的那部分经纱的张力要小一些，以此均衡经纱的需要量，以获得良好平整的纵条纹织物；还可以采用双织轴织造，但采用此法会增加上机的复杂性，同时也受设备的限制，所以在实际生产中应尽量避免。

纵条纹组织的组织循环经纱数等于各条经纱数之和，组织循环纬纱数等于各条纹基础组织的组织循环纬纱数的最小公倍数。

在织制纵条纹织物时，可采用间断穿综法，如图4-2（a）所示，或用照图穿法，如图4-2（b）所示。

纵条纹在棉、毛、麻、丝各类织物中均有广泛应用，横条纹组织则应用较少，其作图原则及方法与纵条纹的类似，只是各条纹组织是上下配置，使得组织显示横向条纹，如图4-3所示为丝织物四维呢的组织图。

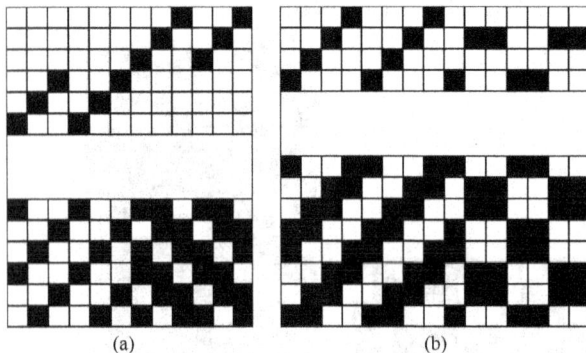

(a)　　　　　　　　(b)

图4-2　纵条纹组织的组织图和穿综图

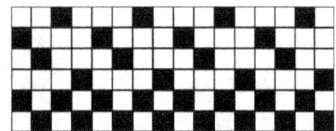

图4-3　丝织物四维呢的组织图

（二）方格组织

1. 方格组织

由不同组织或同一组织的正反面组织既沿纵向又沿横向并列，在织物表面呈现方格效应的一类组织称作方格组织。基本的方格组织呈现正方形，并可将完全组织划分成田字形的四等分；也有些方格组织并不成正方形，划分的四部分也可以不相等，如图 4－4 所示。

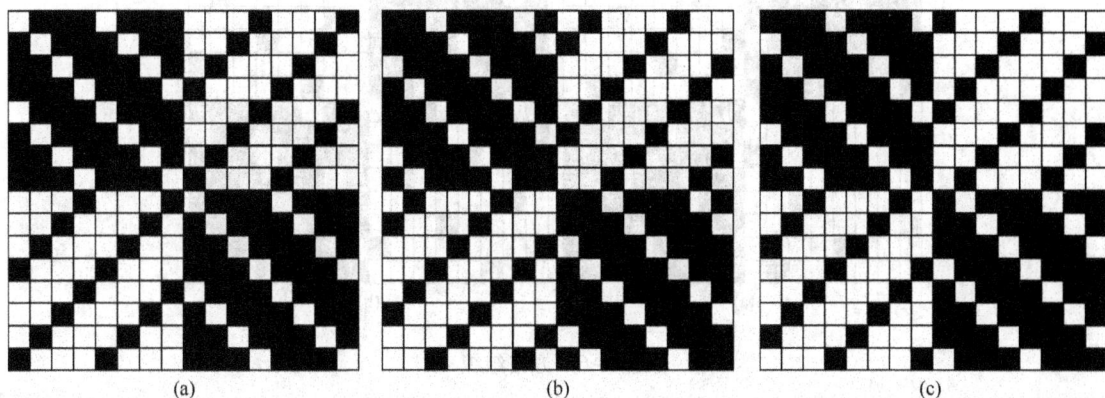

图 4－4　方格组织

在绘制这类方格组织时，应注意四个等分组织，在其相互交界处必须界限分明，也就是说分界处相邻两根纱线上的经纬组织点必须相反。因此，在作图时通常把组织图分成四个部分，之后在左下角填绘基础组织，其他三个部分按照"底片翻转"的关系绘制，并且要保证处于对角位置的部分，不仅组织相同，而且他们的组织点要连续，这样织物外观才显得整齐美观，如图 4－4（a）和（b）所示。而图 4－4（c）则因为左下角部分组织的起始组织点的改变，破坏了对角位置的连续性，影响了织物的外观。

如何才能保证对焦位置的相同组织的组织点连续呢？通过对方格组织深入的研究发现，要使对角位置的组织点连续，基础组织的第 1 根与最末根经纱上的相应组织点距上、下边距相等；第 1 根与最末根纬纱上的相应组织点距左、右边距相等。如图 4－5 中（a）为八枚五飞纬面缎，在箭头 A1—A1 处，以第 3 根经纱作为起始经纱对八枚五飞纬面缎作调整，调整后如图 4－5（b）所示，以此调整好的八枚五飞纬面缎作为基础组织绘作方格组织如图 4－6（a）所示；同样也可以在箭头 B2—B2 处，以第 3 根纬纱作为起始纬纱对其进行调整，如图

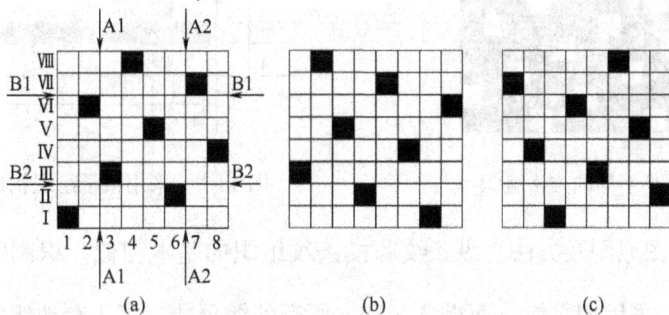

图 4－5　求作基础组织的正确起始点

4－5（c）所示，再以此作为基础组织作方格组织，如图4－6（b）所示。

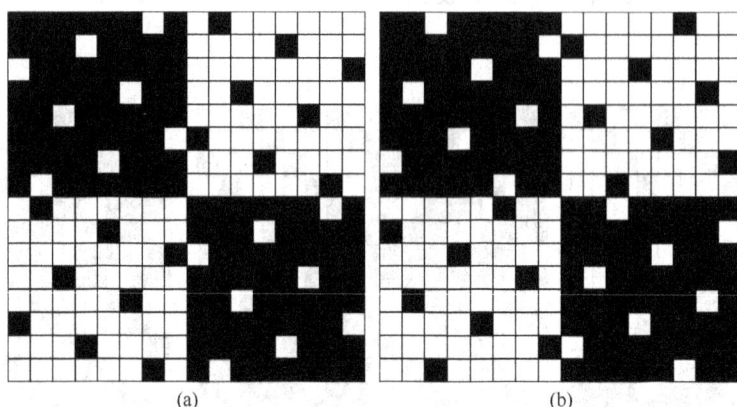

(a)　　　　　　　　　　　(b)

图4－6　方格组织

方格组织各自的大小可以是相等的，也可以是不相等的，甚至可由大小方格的模纹绘制大型方格组织。如图4－7所示即是用不相等的格形组成的组织图。

2. 格子组织

格子组织是由纵条纹组织和横条纹组织联合构成的方格花纹，如图4－8所示为采用格子组织构成的手帕织物，图中b表示条边组织，纵向为$\frac{3}{1}$破斜纹，横向为$\frac{1}{3}$破斜纹，a、c表示地组织，采用平纹。其组织图如图4－9所示。

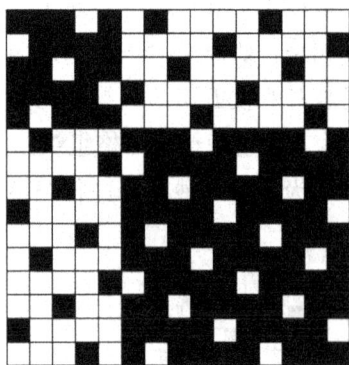

图4－7　大小不等的方格组织

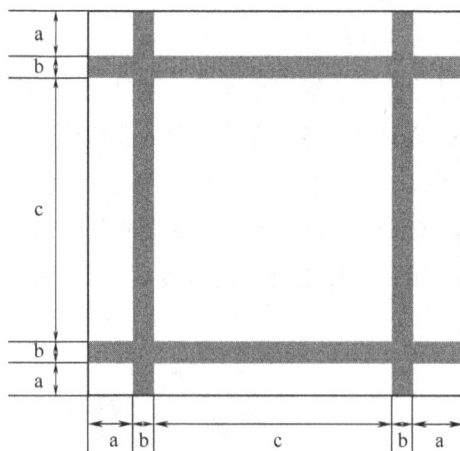

图4－8　采用格子组织构成的手帕织物

这类组织的作图原则及方法与纵条纹和横条纹组织的基本相似。织制时，由于纵条b的组织为$\frac{3}{1}$破斜纹，采用四页综。而纵条a和c所需的综页数，等于布地组织的组织循环经纱数与横条b的条边组织循环经纱数的最小公倍数。如图4－9所示，布地组织为平纹，条边组

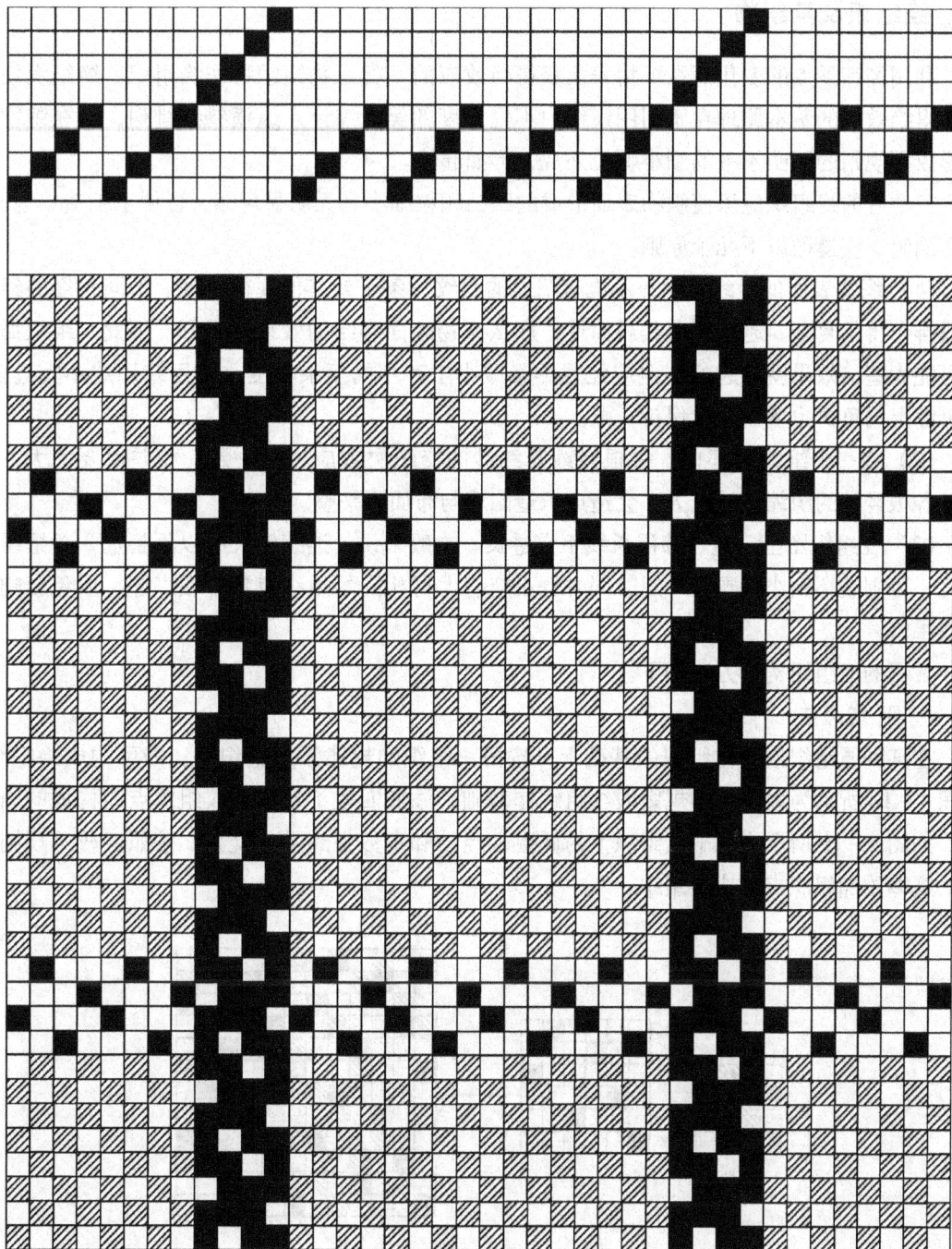

图4-9 格子组织的组织图和穿综图

织为 $\frac{1}{3}$ 破斜纹，则这两个组织的组织循环经纱数的最小公倍数为4，即纵条 a 和 c 采用四页综。因此，织制如图4-9所示的手帕，用八页综采用间断穿综法即可。这种组织在实际生产中应用较广，如手帕、头巾、被单及服装用织物等均常采用。

二、绉组织及其织物

利用经纬浮点的变化而在织物表面获得绉效应的一类织物组织称作绉组织。绉组织使织物获得绉效应的基本原理在于利用组织中不同长度的经、纬浮点纵横错综排列，而在织物表面形成不规则的凹凸不平的细小颗粒外观，形如起绉。

一个好的绉组织应该使织物表面形成的凹凸颗粒细小且无明显规律，以便于织造。为此，构作绉组织应遵循以下几个原则。

（1）织物表面的经纬组织，不能有明显的斜纹、条子或其他规律出现。不同长度的经纬浮线排布得越复杂，越能掩盖其规律性，那么织物表面起绉的效果就越好。因此，组织循环尽可能大些，效果就会越好，但应注意尽量减小生产中的复杂程度，使用综片数不宜过多，每页综上的负荷也应该尽量保持一致。

（2）在一个组织循环内，每根经纱与纬纱的交织次数应尽量一致，相差不要太大，否则，各根经纱的织缩差异过大，会造成织造困难与布面不平整。

（3）在组织图上，经、纬浮长线不宜过长。一般来说，连续浮长线以不超过 3 个组织点为宜，否则破坏细小的颗粒外观，同时也不应有大群相同的组织点集中在一起，以免影响起绉效果。

常用的绉组织构作方法如下。

（一）增点法

在某种原组织或变化组织的基础上，按另一组织的规律添加组织点，即可构成绉组织。如图 4 - 10 所示为以六枚不规则缎纹组织作基础，添加四枚不规则缎纹组织点而构成的绉组织。如图 4 - 11 所示为在平纹组织上的偶数根经纱和奇数根纬上相交处，按照四枚不规则缎纹的规律添加组织点构成绉组织。

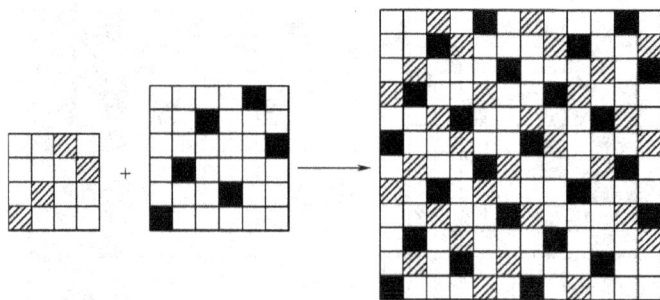

图 4 - 10 增点法构作绉组织（例一）

（二）嵌线法

将两种组织的纱线（通常为经纱）按一定的排列比（通常为 1 : 1）相间排列而构成绉组织。如图 4 - 12 所示为将平纹组织与 $\frac{2}{2}$ 破斜纹组织，按经纱 1 : 1 的排列比相间排列而构成的绉组织。

图4-11 增点法构作绉组织（例二）

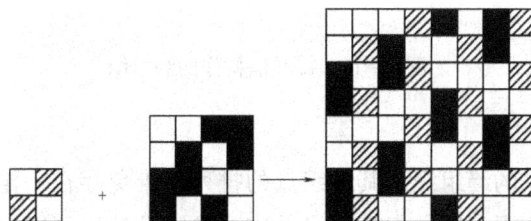

图4-12 嵌线法构作的绉组织

（三）调序法

用这种方法绘制绉组织时，一般以变化组织为基础组织，然后变更基础组织的经纬纱排列次序而成。如图4-13（a）所示便是将 $\dfrac{2\quad 1\quad 1}{1\quad 2\quad 1}$ ↗复合斜纹按7、3、5、1、4、8、2、6的经纱顺序重新排列而得到的绉组织。有时，为了增大组织循环，突出起绉效应，除了对经纱的顺序进行调整外，还将纬纱的顺序也进行相应调整，如图4-13（b）所示。

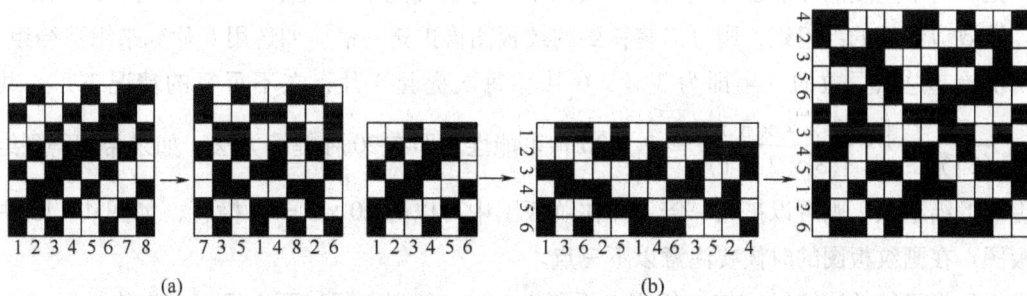

图4-13 调序法构作的绉组织

（四）旋转法

将基础组织经旋转合并而成，其构图方法如图4-14所示。图4-14（a）为基础组织，将其依次顺时针旋转，分别得到4-14（b）、（c）、（d）三个图，再将这三个组织图按照图4-14（e）所示的顺序排列，得到组织图，如图4-14（f）所示。用这种方法选择基础组织时，一般选同面组织或每根纱线上经纬组织点相近的组织，同时组织循环不宜太大，因为经旋转合并后组织循环经纬向各扩大了一倍，使所用综页数增加，给上机带来一定的困难，因此，基础组织循环纱线数一般以小于 6 为宜。

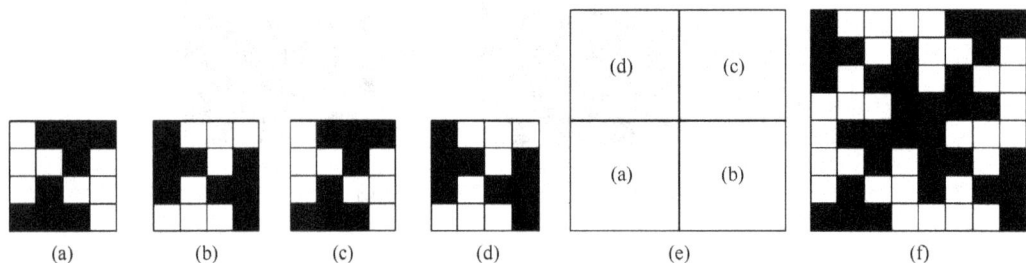

图 4 - 14　旋转法构作的绉组织

(五) 省综设计法

用上述各种方法构作的绉组织，其组织点的排列仍难免存在一定的规律性，组织循环的大小也受综页数的限制，因而影响织物的绉效应。省综设计法可以在使用较少综片数的情况下，按照上述绘作绉组织的各项原则，合理安排经纱、纬纱的浮沉规律，从而获得组织循环较大、绉效应较好的绉组织。目前在实际生产中，使用省综设计法构作绉组织是普遍采用的方法。

省综设计法的步骤与方法如下。

(1) 确定所使用的综页数。综页数可根据生产实际情况来确定，为了生产的顺利进行，一般综页数不宜太多，通常为 4 片或 6 片综，也可用 8 片综。

(2) 确定纹板图。用省综设计法设计绉组织时，每次投纬抬起综页数为总综页数的一半，把所有不重复的可能性都填绘到纹板图中，这就确定了纹板图。如果要得到组织循环更大、绉效应更好的绉组织，则可以将得到的纹板图再扩充一倍。如选用 6 片综来织造绉组织，则每次抬起总综页数的一半即为 3 片，6 片综每次提起 3 片，在不重复的情况下，一共有 $C_6^3 = \dfrac{6!}{(3!)^2} = \dfrac{6 \times 5 \times 4 \times 3 \times 2 \times 1}{(3 \times 2 \times 1)^2} = 20$ 种可能性，即有 20 种提综方法，如果希望得到绉效应更好的绉组织，则可以扩充一倍，即在纹板图中可以画 $20 \times 2 = 40$ 横行，如图 4 - 15 中的纹板图。在画纹板图的时候要注意以下三点。

①每根经纱的连续经（纬）组织点不要太多。一般以不超过两个组织点为佳。

②每根经纱的交织次数应尽量一致。

③每根经纱上的经组织点数与纬组织点数尽量相等。

(3) 确定组织循环纱线数。确定的纹板图的横行数就是组织循环纬纱数，而组织循环经纱数通常为综框数的整数倍，而且大于组织循环纬纱数，但两者之间的差异不宜过大。仍然以 6 页综的绉组织为例，确定了纹板图有 40 横行，即 $R_w = 40$，而 $R_j =$ 综页数的整数倍且大于 R_w；可以取 $R_j = 60$。

(4) 确定穿综图。在意匠纸上画出大方格，分别确定纹板图、穿综图和组织图的位置与纵横行数。将确定的组织循环经纱数分为若干组，每一组经纱数等于综框数。第一组按照顺

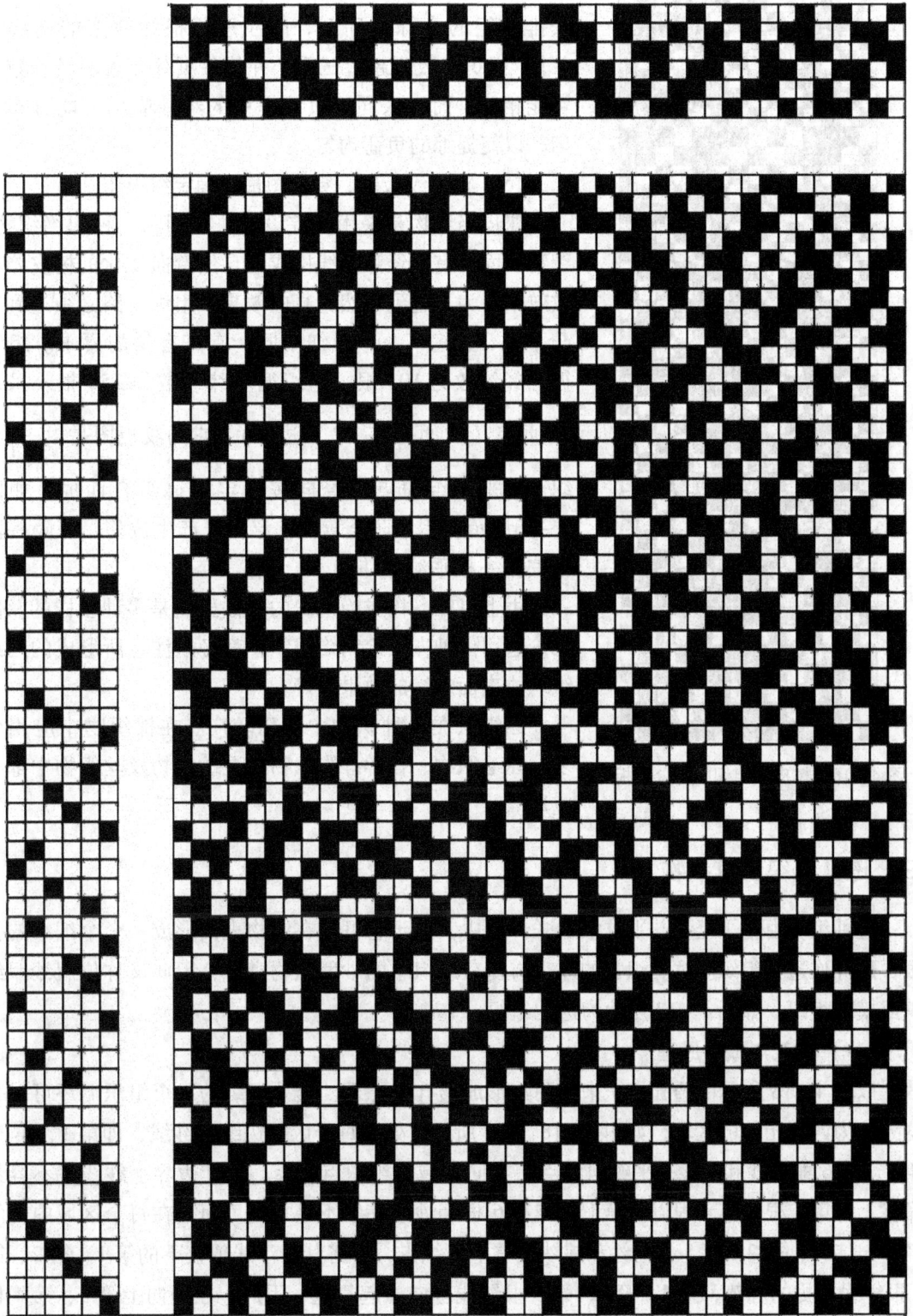

图 4 - 15 省综设计法设计的绉组织

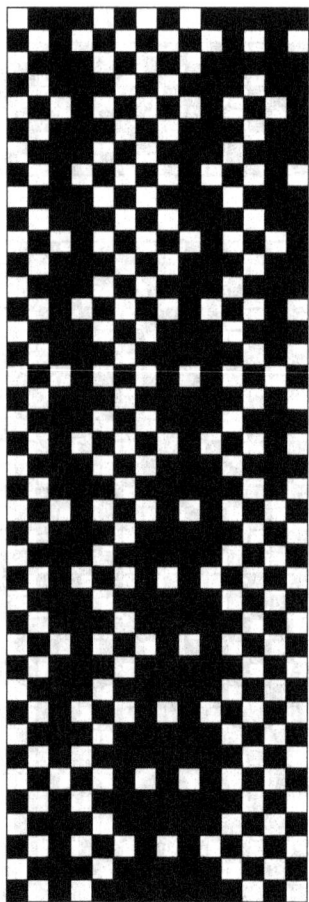

图 4-16 树皮绉组织的部分纹板图

穿法穿综,其他各组则按 6 页综的不同排列顺序穿综。在安排各组的穿综顺序时,应注意每根纬纱上的连续经(纬)组织点数不超过三个,并使各页综穿入的经纱数尽可能相等,而穿入同一页综框中的经纱应尽可能分布均匀,以使提综的负荷均匀。

(5)根据纹板图、穿综图最终确定组织图。

树皮绉织物是采用省综设计法得到的一种起绉织物。织物表面具有由经浮长线构成的自然弯曲变化的树皮绉花纹效果。为了达到自然逼真的效果,组织纹路必须达到凹凸不平、长短不一、粗细不同、有直有斜的要求。组织循环经纱数为 104 根,组织循环纬纱数为 156 根。采用 14 页综(12 页地综,2 页边综),它的纹板图是由 $\frac{5}{1}$ 组织点与平纹组织点在经向按一定规律组合而成,如图 4-16 所示。为了防止背面纬浮长线产生位移,每隔一段就安排一根平纹点纬纱。

由上可知,构成绉组织的方法虽然是多种多样的,但无论选用何种方法绘制绉组织,都必须注意所形成的绉组织织物表面起绉的效果要好。

绉组织在各种织物中应用较广。在棉织物中应用较多,在毛织物、化学纤维织物、混纺织物及丝织物中都有应用。

三、透孔组织及其织物

这种组织由重平组织与平纹组织联合而成,由于它可以在织物表面形成一个个细小的孔眼,故称作透孔组织。这类织物的外观与复杂组织中的纱罗织物类似,因此又称作假纱罗组织或模纱组织。如图 4-17 所示为透孔组织。

(一) 透孔形成的原理

以图 4-18 所示的透孔组织来说明其形成透孔的原理。透孔组织的一个组织循环可以平均划分为四个相等的区域,如图 4-18(a)所示。处在每个区域边缘的纱线,即第 1、第 3、第 4、第 6 根经纱和纬纱呈平纹组织点,不同区域的组织点相反,在其边界上纱线就不容易靠拢,即第 3 根与第 4 根以及第 1 根与第 6 根经纱或纬纱不易靠拢。而处在每个区域中间的经纱与纬纱,第 2、第 5 根经纱和纬纱呈重平组织点,有将其长浮线覆盖下的第 1、第 2、第 3 根纱线挤拢的趋势,第 4、第 5、第 6 根纱线也向一起靠拢,因此,在经向上第 3、第 4 根经纱之间有比较大的纵向缝隙,而纬纱上第 3、第 4 根纬纱之间也有比较大的横向缝隙。这样就使织物表面出现了孔眼,如图 4-18(b)所示,其中符号○为孔眼位置。

图 4 – 17　透孔组织

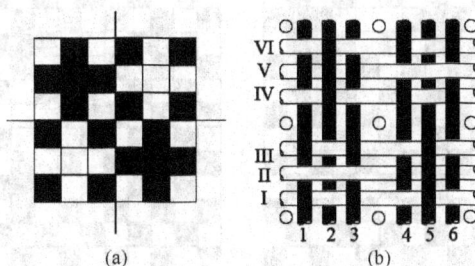

图 4 – 18　透孔形成示意图

（二）简单透孔组织

图 4 – 17 中所示的均为简单透孔组织，其绘制步骤如下。

（1）确定完全组织的大小。透孔组织的组织循环经纱数与组织循环纬纱数相等，即 $R_j = R_w$，通常取 6、10、14 等能够被 2 整除并且其商为奇数的偶数，但要注意简单透孔组织的组织循环纱线数也有取 8 的，将在后面进行单独介绍。

（2）将组织循环划分成田字形的四等份。

（3）每一等份的经纱、纬纱数常为奇数。先在左下角的区域内填以平纹组织点，单起平纹或双起平纹均可，再看其中偶数根经纱、纬纱上的何种组织点多。如果经组织点数多于纬组织点数，则将偶数根经、纬纱上全部改成经组织点；如果纬组织点数多于经组织点数，将偶数根经、纬纱上所有组织点改为纬组织点。

（4）按底片翻转法填绘剩下三个区域的组织点。

图 4 – 17（a）是组织循环纱线数为 6 的透孔组织，而（c）是组织循环纱线数为 10 的透孔组织，两者均可以按照上面的步骤来进行绘制。但是图 4 – 17（b）所示是组织循环纱线数

为 8 的透孔组织，是一种特殊情况，其绘制步骤为划分为四等份后，每一区域的经、纬纱数等于 4。将左下角区域中的第 2、第 3 根经纱与第 2、第 3 根纬纱全部填为经组织点，然后按底片翻转的方法填绘其他三个区域。最后完成的组织图如图 4 – 17（b）所示。

透孔组织上机时采用分区间断穿法，多以四片综分两区穿入。为了便于形成空隙，应将每一束经纱穿入同一筘齿，如图 4 – 17 中各穿筘图所示。有时，为了使透孔效应更加突出，在各束经纱之间可空 1 ~ 2 个筘齿。

（三）花式透孔组织

简单透孔组织在织物表面形成规则均匀的细小孔隙，花型较单一。在实际生产及应用中，常采用其他组织与透孔组织联合构成各种花型优美的花式透孔组织。透孔组织的小单元可以按照各种几何图形与其他组织相配合，通常与平纹组织配合，构成花式效果。图 4 – 19 所示为两种花式透孔组织。

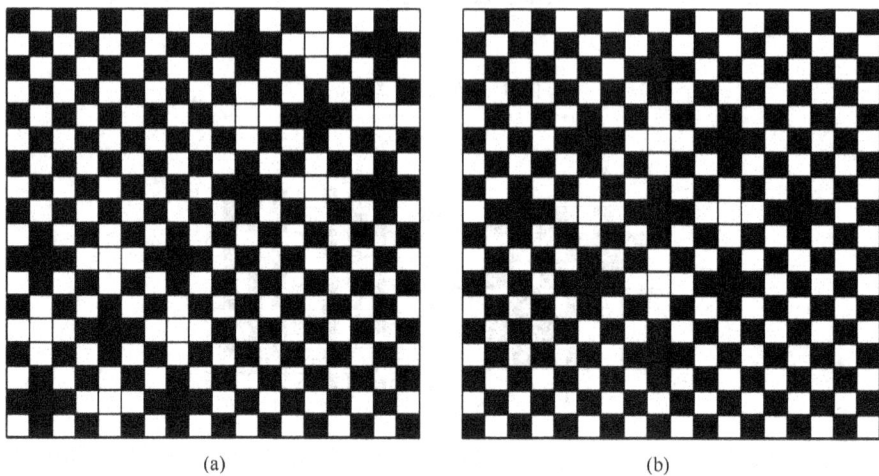

(a)	(b)

图 4 – 19　花式透孔组织

透孔组织在棉、麻、丝等轻薄织物中应用较多。由于这类织物的纱线较细、密度较稀、透气凉爽，常用作夏季衣着或装饰织物。透孔组织在轻薄毛织物中也有应用。此外，组织循环纱线数为 14 的透孔组织也时常用于织制幕布织物。

四、蜂巢组织及其织物

这种组织的织物表面具有菱形的四周高、中间低的凹凸花纹，状如蜂巢，所以称作蜂巢组织。图 4 – 20（a）所示为一种简单蜂巢组织。

（一）蜂巢效应形成的原理

由图 4 – 20 可以看出，在蜂巢组织的一个组织循环内，四周为经浮长线与纬浮长线所环绕，浮长线逐渐向中心缩短，中心部分则为平纹组织点。平纹组织点处，织物较薄；四周逐渐增长的经纬浮长线处，织物较松厚。蜂巢组织织物的凹凸菱形外观就是由经纬浮长线逐渐从长到短地配置而形成的。但在平纹组织点处，织物是否凹下，还需视两种不同情况而定。

第一种情况，如图4-20（a）中甲处，在平纹组织的上下方为经浮长线，其左右侧则是纬浮长线。于是，此处的平纹组织织物就被经纬浮长线所带起，并与经纬浮长线一起形成织物表面的隆起部分。第二种情况，如图4-20（a）中乙部分所指的平纹组织处，其上下方为纬浮长线，其背面为经浮长线；左右侧为经浮长线，其背面为纬浮长线。于是，此处的平纹组织织物就被背面的经纬长浮线所牵引，向背面带起，而在织物表面呈低洼状态。由于从平纹组织到长浮线是逐渐过渡的，于是织物表面就以第二种情况的平纹组织处为中心，向四周长浮线处逐渐隆起，形成一个四周高、中间低的菱形蜂巢。

如图4-20（b）～（e）所示为蜂巢组织的切片示意图，由截面图也可看出蜂巢组织外观的形成。如图4-20（b）、（c）所示为织物横截面图（第1根纬纱和第5根纬纱）；如图4-20（d）、（e）所示为织物纵截面（第1根经纱和第5根经纱）。

从图4-20（b）与图4-20（e）中可看出第1根纬纱处于最高位置。从图4-20（c）与图4-20（d）可看出第1根经纱处于最高位置。因此，第1根经纱与第1根纬纱交叉处高而凸起，即图4-20（a）中甲部分。

从图4-20（b）与图4-20（e）中可看出第5根纬纱处于最低位置。从图4-20（c）与图4-20（d）可看出第5根纬纱处于最低位置。因此，第5根经纱与第5根纬纱交叉处低而凹下，即图4-20（a）中乙部分。

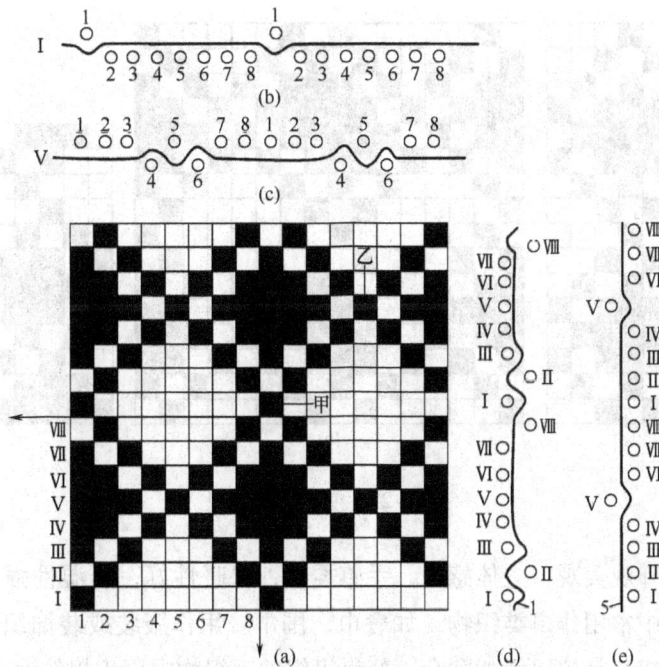

图4-20 蜂巢组织

（二）简单蜂巢组织

简单蜂巢组织是在单个组织点的菱形斜纹基础上构作而成的。其基础组织通常是原组织纬面斜纹，如$\frac{1}{3}$、$\frac{1}{4}$、$\frac{1}{5}$、$\frac{1}{6}$斜纹为基础组织。蜂巢组织的参数为：

$$K_j = K_w = 基础组织的组织循环纱线数$$

$$R_j = R_w = 2K_j(K_w) - 2$$

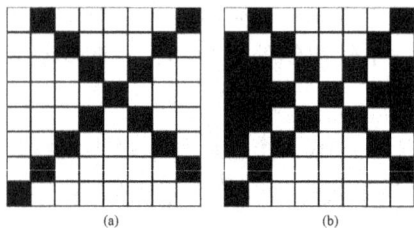

图4-21 简单蜂巢组织的作图

根据上述参数公式确定蜂巢组织的组织循环纱线数，在意匠纸上填绘以基础组织为基础先绘作菱形斜纹，如图4-21（a）所示，之后，在由菱形斜纹线所分成的左右或上下对角区域内填绘经组织点。由顶点起隔一个纬组织点开始填经组织点，并逐根向左右方延长经浮线，始终与菱形斜纹线保持一个纬组织点的间隔，直到画完一个组织循环为止，如图4-21（b）所示。

蜂巢组织的上机通常采用顺穿法、照图穿法或山形穿法。

（三）变化蜂巢组织

变化蜂巢组织的作图原理与简单蜂巢组织的相似，但必须保证在菱形斜纹对角线构成的四部分中，一组对角部分为经组织点，而另一组对角部分为纬组织点，这样才能形成蜂巢外观。图4-22所示为几种变化蜂巢组织。

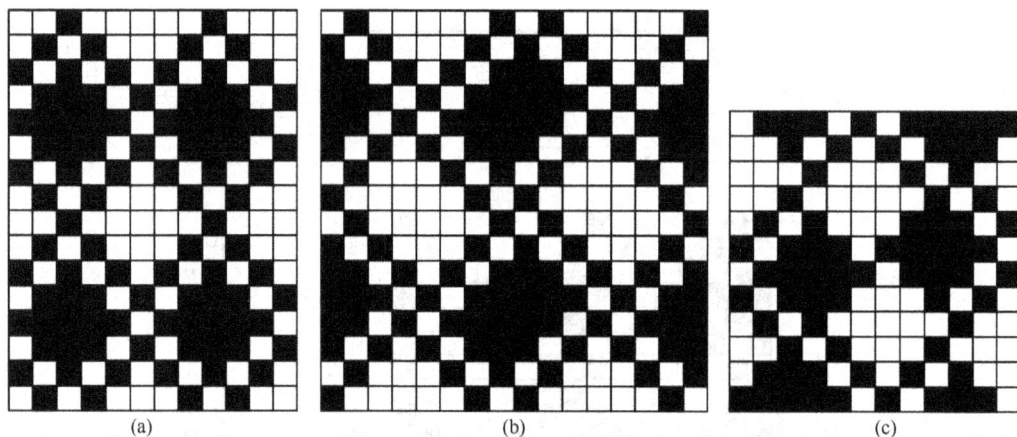

图4-22 变化蜂巢组织

蜂巢组织织物外观美观，立体感强，手感柔软，保暖性好，吸湿性强，在各类织物中均有应用。在棉织物中常用作巾类织物，如餐巾、围巾。用作服装或装饰织物时，常设计成各种变化蜂巢组织，或与其他组织相联合。蜂巢组织的毛织物中用于粗纺女士呢、沙发用呢等，在丝织物中也有应用。

五、凸条组织及其织物

这种组织可以在织物表面形成纵向、横向或斜向的凸起条纹，故称作凸条组织。凸条组织大致可分为纵凸条、横凸条和变化凸条等几类。

（一）简单凸条组织

凸条组织是由浮长线较长的重平组织和另一种浮长线较短的简单组织如平纹、斜纹等联合而成的。简单组织的组织结构紧密，起固结浮长线的作用，称作固结组织，并凸起于织物表面。重平组织则利用其浮长线使固结组织拱起，其浮线长度决定着凸条的宽度，故称作基础组织。

在纬重平组织的纬浮长线上，添加固结组织构成纵凸条组织；在经重平组织的经浮长线上添加固结组织，则构成横凸条纹组织。

在凸条组织中，作为基础组织的重平组织，其浮长线的长度不宜少于四个组织点，且应为固结组织完全纱线数的整数倍，因为浮线太短，所以凸条效应不明显。固结组织比较简单，常用的有平纹、$\frac{1}{2}$ 斜纹、$\frac{2}{1}$ 斜纹等组织，其中以平纹固结的凸条组织在实际生产中应用较为广泛。下面通过一个例子来说明凸条组织的作图方法及其外观形成原理。

例：画出以 $\frac{6}{6}$ 纬重平组织为基础组织，平纹为固结组织的纵凸条组织。

其作图方法及步骤如下。

（1）确定组织循环经纬纱数。

R_j = 基础组织的组织循环经纱数 = 12

R_w = 基础组织的组织循环纬纱数 × 固结组织的组织循环纬纱数 = 2 × 2 = 4

（2）在组织循环内填绘 $\frac{6}{6}$ 纬重平组织，如图 4 – 23（a）所示。

（3）在重平组织的浮长线上填绘固结组织，完成凸条组织的绘制，如图 4 – 23（b）所示。

由图 4 – 23（c）纬向截面图可以看出，此类组织之所以可形成凸条的外观效果，主要在于第 6、第 7 根经纱及第 1、第 12 根经纱处组织点有交错，织物在该处比较薄，其他部分在织物背面由于纬浮长的存在，促使经纱相互靠拢并叠起，固结组织在该处松厚而隆起，形成凸条。

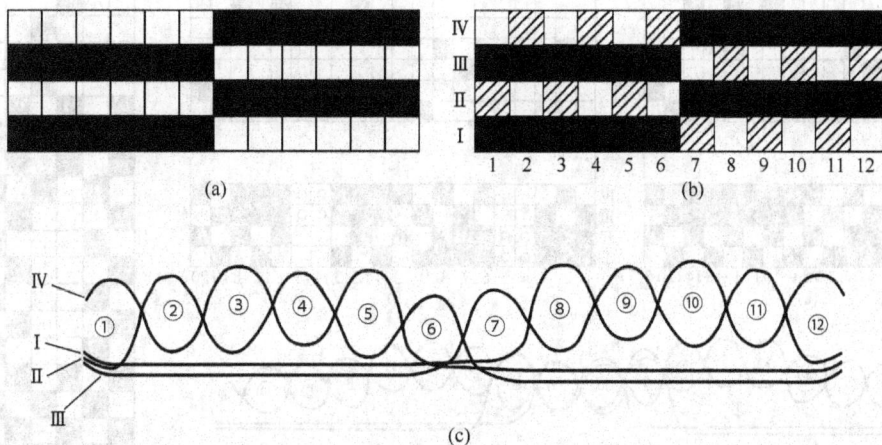

图 4 – 23　凸条组织

（二）增加凸条效应的方法

凸条的隆起程度与重平组织的浮长线长度、纱线的密度及张力等因素有关。适当增加浮长线的长度和纱线的张力，可使凸条更加凸起而清晰。固结组织应具有足够的密度，以使织物正面不显露背面的浮长线。

图 4 - 24 凸条组织

在实际生产中，对于纵凸条组织来说，往往把两条同样长度的纬浮长靠拢在一起，之后再在纬浮长线上填绘固结组织，如图 4 - 24 所示。

有时为了增加凸条隆起的程度，还可以在两凸条之间加入两根平纹组织的纱线，如图 4 - 25（a）中第 7、第 8 及第 15、第 16 根经纱，或在凸条的中间加入几根较粗的纱线作为芯线，图 4 - 25（b）中的第 4、第 5、第 14、第 15 根经纱即是芯线。从织物的纬向截面图中可以看出，芯线位于凸条的下面、纬浮长线的上面，没有与任何一根纬纱交织，它只起衬垫作用，故可使用较差的原料。

（三）凸条组织的上机特点

织制纵凸条组织时，通常采用分区间断穿法。加平纹组织时，平纹经纱穿入前综，如图 4 - 25（b）所示；嵌有芯线，芯线穿入后综，并另卷一织轴，如图 4 - 25（b）、（c）所示。横凸条组织上机采用顺穿法。

从纵凸条组织图中可以看出，纵凸条组织的经组织点数目远远多于纬组织点的数目，在实际生产中为了节省动力，可以采用反织法来上机织造。

凸条组织的每筘穿入数应有利于凸条的清晰与圆整，通常采用 3 纱一人或者 4 纱一人。

如果将纵凸条组织的经纬组织点互换，便可成横凸条组织，如图 4 - 26 所示。它是以经重平组织为基础，平纹为固结组织的横凸条组织。为了突出横凸条效应，绘图时将两条同样长的经浮长线靠拢，之后再以平纹固结此经浮长线，并在两凸条间加入四根平纹组织的纬纱。

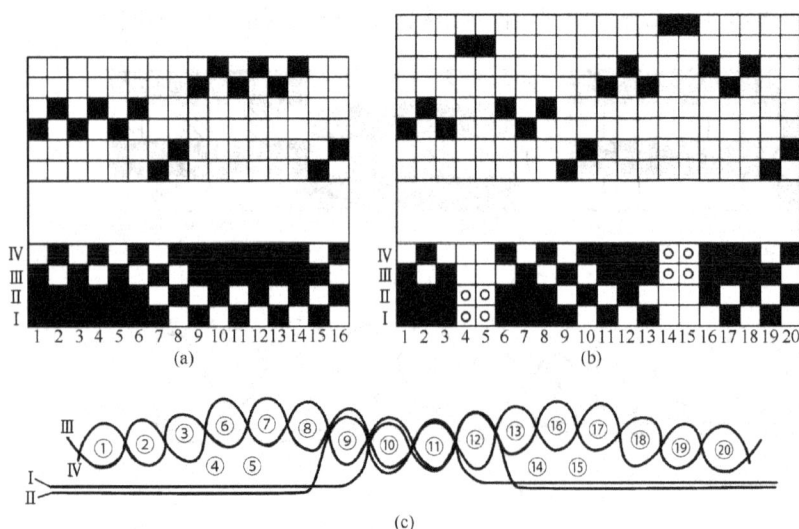

图 4 - 25 凸条组织

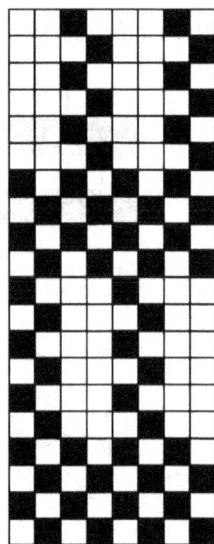

图 4 - 26 横凸条组织

（四）花式凸条组织

凸条组织除了横凸条、纵凸条组织外，还可以构成斜向凸条、纵横联合凸条、菱形凸条等花式凸条组织。无论采用哪种变化方法，凸条组织都是由基础组织和固结组织构成的。

如图 4 - 27（a）所示为斜向凸条组织，（b）为由纵横凸条联合配置而构成的方格凸条，（c）则为正反凸条组成的花式凸条组织。

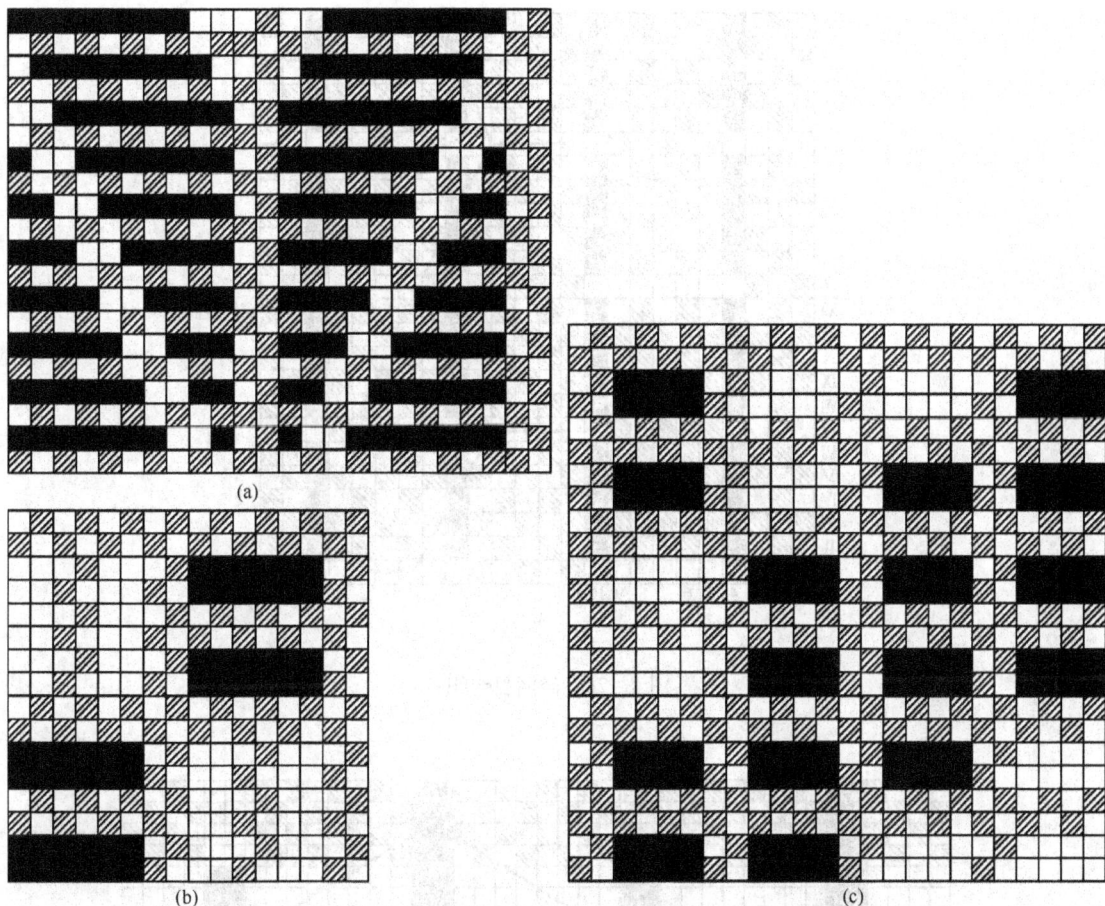

图 4 - 27 花式凸条组织

凸条组织织物立体感强，质地松厚，富有弹性，花型变化多，装饰性强，在各类织物中均有应用。在棉色织中用来织制女线呢、仿灯芯绒等织物，在丝织的素织物中，以横凸条较为多见；在丝织提花织物中，即可用作地组织，也可用作花组织或点缀组织，还可以利用其组织特点掩盖重经织物以防其露底。凸条组织在毛织物中用于精纺花呢、粗纺花呢和女式呢等。

六、网目组织及其织物

这种组织的织物，在平纹或斜纹地布上，间隔地分布的曲折长浮线呈现于织物表面，成网络状，所以把这种组织称作网目组织。

（一） 网目组织织物外观形成的原因

图 4-28 和图 4-29 所示为两种简单的网目组织。织物表面的网络状长浮线可以是经纱，也可以是纬纱。前者所形成的网目组织称作经网目组织，如图 4-28 所示；后者所形成的网目组织称作纬网目组织，如图 4-29 所示。

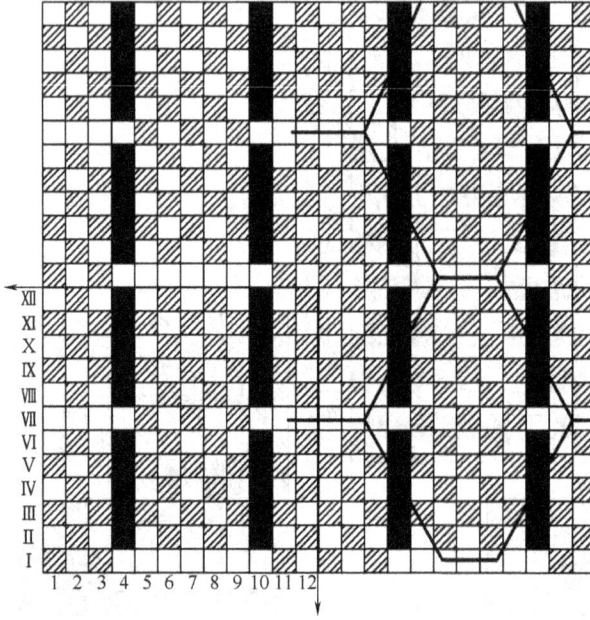

图 4-28 经网目组织

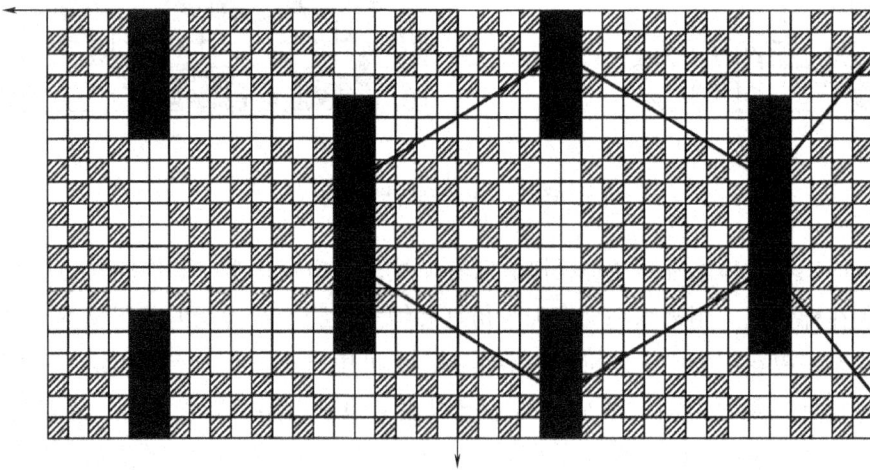

图 4-29 纬网目组织

如图 4-28 所示，经纱上第 4、第 10、第 16 和第 22 根经浮长线的两侧为沉浮规律相同的平纹组织经纱。由于第 4 根和第 10 根经纱，浮在构成平纹组织的第 2~6 根纬纱上，第 1 根纬纱与第 4~第 10 根经纱交织处呈纬浮长线，因此，在第 1 根纬纱处将第 4 根经纱与第 10 根经纱拉向一起并靠拢；由于相邻两条纬浮长线是交替配置，因此，网目经就被拉成曲折波形，并与纬浮长线共同形成网络状。

图 4-29 是由网目纬纱曲折而形成的纬网目组织。在织物表面呈纬纱曲折的外形，其外观效应的形成原理与经网目组织的相似。

图 4-28 中第 1、第 7 根纬纱在织物表面存在纬浮长线，对第 4、第 10 根经纱有拉拢作用，这两根纬纱叫作牵引纬，而第 4、第 10 根经纱叫作网目经。若网目纱是经（纬）纱，则牵引纱必定为纬（经）纱。

（二）网目组织的绘作方法

根据上述特征，以经网目组织为例，总述其步骤如下。

（1）确定地组织。一般以平纹组织为地组织，也有以原组织斜纹组织作地组织的。

（2）根据织物要求，确定每条网目经的经纱根数、网目经的浮沉规律以及两条网目经之间间隔的地经纱根数。一般在设计时，两网目经纬纱间至少要间隔 5 根地经才会有良好的效果。确定每条纬浮长线的纬纱根数以及相邻纬浮长线之间间隔的纬纱根数。

（3）确定组织循环纱线数。

$$R_j = （两条网目经之间地经纱数 + 每条网目经的经纱数）× 2$$
$$R_w = （两条纬浮长线之间的纬纱数 + 每条纬浮长线的纬纱根数）× 2$$

（4）在网目经上，按其浮沉规律填绘组织点。

（5）在两网目经的纬组织点间空出纬浮长线，并使两条纬浮长线成交替配置状。

（6）在与纬浮长线两端点相邻的组织点处填入经组织点，并以此为起点，填绘平纹地组织，注意使网目经两侧的经纱具有相同的平纹组织点。

例：以平纹为地组织绘制一经网目组织。网目经的组织规律为 $\frac{5}{1}$，两根网目经之间间隔的地经根数为 5。每隔 5 根地纬安排一根纬浮长线。每条网目经与纬纱浮长线均为单根。

$$R_j = （两条网目经之间地经纱数 + 每条网目经的经纱数）× 2 = (5+1) × 2 = 12$$
$$R_w = （两条纬浮长线之间的纬纱数 + 每条纬浮长线的纬纱根数）× 2 = (5+1) × 2 = 12$$

绘得的组织图如图 4-28 所示。

网目组织织物上机时，通常采用照图穿法。为了使网目经更好地浮显于织物表面，穿筘时应将网目经与其两侧的地经穿入同一筘齿中。

根据网目组织的构成原理，可以设计出各种各样不同外观的变化网目组织。如图 4-30（a）所示为顺方向曲折的经网目组织，图 4-30（b）所示为长短经网目组织。

（三）增加网目效应的方法

为突出网目组织的经纬纱的曲折效应，在组织图上，可在被拉拢经纱的牵引纬浮线的曲折处，取消一部分经纬纱的交织点，如图 4-31 所示；同样，可在被拉拢纬纱的牵引经浮线

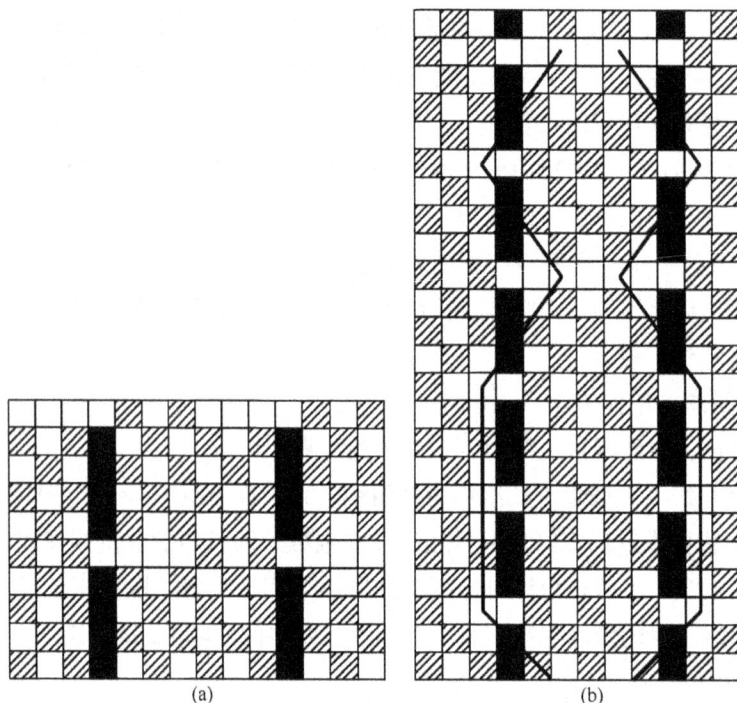

图 4 - 30　变化网目组织

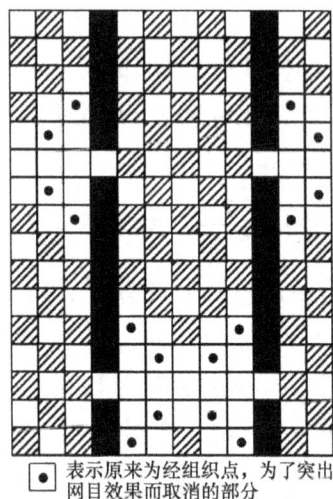

· 表示原来为经组织点，为了突出
网目效果而取消的部分

图 4 - 31　突出网目效应的设计

的左右，取消一部分经纬纱的交织点；也可用粗的纱线作网目经纬纱，或采用双经、双纬、多经、多纬的网目经纬纱，如图 4 - 29 所示；甚至可采用与地部不同颜色的网目纱线，都可以起到很好的效果。

网目组织在棉、丝织物中多用作装饰织物，如窗帘、高档音响设备的装饰用绸等。在棉型细纺、府绸等织物上也可以部分地点缀一网目组织。

七、平纹地小提花组织及其织物

在平纹组织的基础上，根据一定的花纹图案，增加或减少组织点，使织物表面呈现小型花纹的组织称作平纹地小提花组织。

这类组织变化繁多，平纹地小提花织物所起花纹可以由经浮线组成，称作经提花，如图 4 - 32（a）和图 4 - 32（c）所示；可以由纬浮线组成，称作纬提花，如图 4 - 32（b）所示；也可以由经、纬浮线共同组成，称作经、纬提花，如图 4 - 32（d）所示；还可以由透孔、蜂巢等组织起花。花纹形状多种多样，可以是散点，也可以是各种几何图案，花形分布可以是条形、斜线、曲线、山形、菱形等。

这类织物要求外观细洁、紧密、不粗糙，花纹不能太突出，从织物整体上看，应以平纹地为主，适当加入提花组织。在实际应用中，此类织物多数是色织物，可适当配一些花式线。当经纬纱原料相同时，常采用经起花，因为一般织物的经密大于纬密，经纱质量也比纬纱好，采用经提花能使花纹清晰，起花部分布面平整良好。

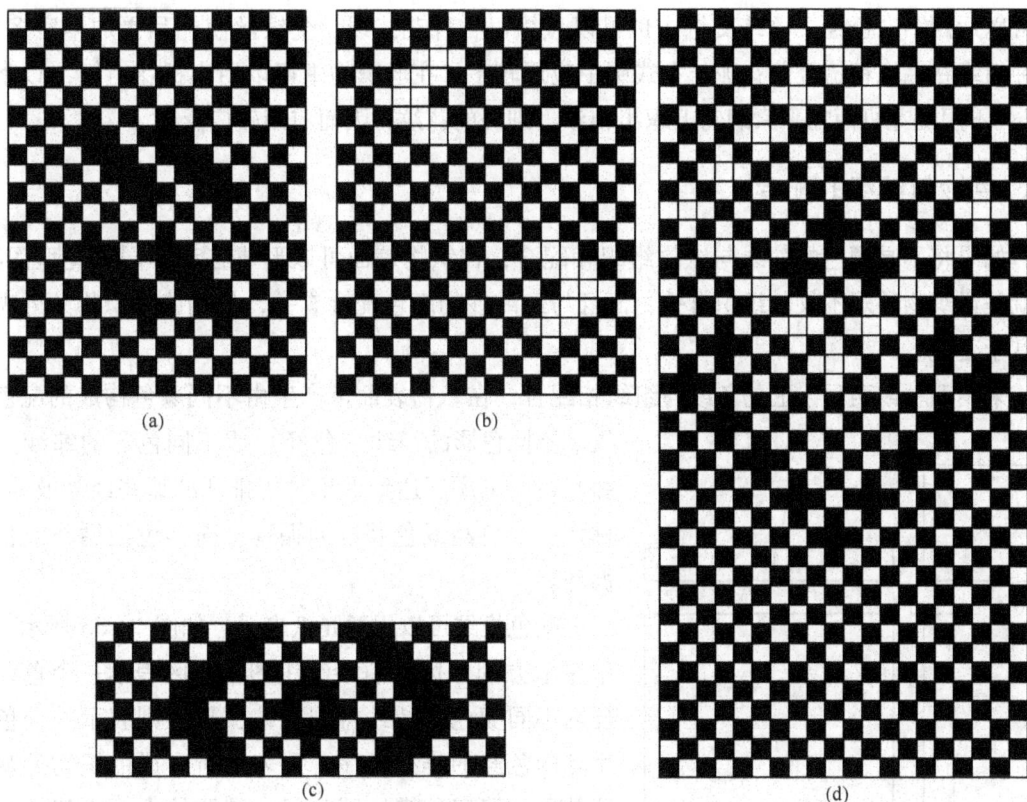

图 4-32 平纹地小提花组织

在设计时应注意以下六方面的问题。

（1）花组织、地组织配合时，花组织、地组织交界要清晰，使得花纹清晰不变形，所以平纹地小提花的浮长线以单数为宜。

（2）起花部分的浮长线不宜太长，一般经纱浮长不超过3个组织点，最多用5个组织点；纬纱浮长线可稍长。否则会失去组织细洁、紧密的特点，织物牢度也会受到影响。

（3）设计花型使用的综页数不能超过织机的最大容量，为了便于织造，所用综页数不能太多，一般控制在12页以内。

（4）起花部分的经纱与平纹的交织次数不能相差太大，一般经纱平均浮长应控制在1～1.3之间，以保证用单织轴织造，减小工艺的复杂性。

（5）每次开口提综数尽可能均匀，花型配置应相对均匀分散。

（6）织物的密度一般与平纹组织织物的相近，如满地花时，经纬密还应适当加大，以保持织物身骨，穿筘时采用平筘穿法，不用花筘。

设计这类组织时，要先确定织物花纹纹样、起花方法，再根据花纹尺寸、经纬密度确定组织循环纱线数，最后在平纹地组织的基础上改变起花部分的某些组织点，使之形成花纹。

通常，平纹地小提花织物上机时，采用照图穿法或间断穿法居多。

平纹地小提花组织多用于细密、轻薄织物，花纹细致、精巧、外观高雅、美观。在棉型织物中，多用于色织府绸、细纺等仿丝绸产品。在实际应用中，除了组织与图案的变化外，还可以运用不同色经、色纬交织，也可以点缀以各种花式线、金银丝使产品更加丰富多彩。此种组织在毛织精梳轻薄花呢与女式呢中应用较多。在丝织物中可以用小提花组织"以素代花"，不用提花机而在平素织物上织出精致、细巧的花纹，因而应用较广泛。

八、色纱与组织的配合

如果将不同颜色的纱线与织物组织相配合，在织物表面可以形成各种不同的花型图案。也就是说织物外观不仅与组织有关，而且与经纬纱的颜色配合有关，他们能使织物的外观更加富于变化。

采用两种或两种以上的色纱与组织相配合，在织物表面可产生由不同颜色构成的配色模纹。不同色彩的经纱（色经）或不同色彩的纬纱（色纬）的排列顺序达到重复时所排列的那些经纱或纬纱，称作一个色经或色纬排列循环，简称色经循环或色纬循环。

配色模纹可以用意匠纸表示，如图 4 - 33 所示。图中左上方的 I 区内填绘组织图，II 区表示一个色纬循环内不同颜色的纬纱排列规律，III 区则表示一个色经循环内色经的排列顺序，IV 表示所形成的织物外观花纹效果，即配色模纹图。配色模纹的大小应等于色纱循环的最小公倍数。

已知条件不同，绘制配色模纹图的方法也不同，大体上可以分为以下几种。

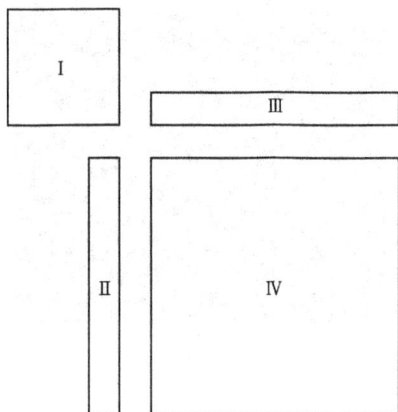

图 4 - 33　配色模纹图的示意图

（一）已知组织图和色纱循环绘制配色模纹图

配色模纹的绘制方法与步骤如下。

（1）首先确定所用组织、色经色纬循环。如图 4 - 34 所示，采用 $\frac{2}{2}\nearrow$ 组织，色经、色纬的排列顺序为 2A4B2A（A 代表一种颜色，B 代表与 A 不相同的另一种颜色），所以色经循环及色纬循环均为 8，配色模纹图的大小确定。

（2）在分区的相应位置内绘制组织图、色经及色纬的排列顺序，图中用□表示 A 色，■表示 B 色，并在配色模纹的循环内先用较浅的标记按照组织规律将所有经组织点标记出来，图中用·表示，如图 4 - 34（a）所示。

（3）根据色经循环，在配色模纹图中将所有经组织点按照色经排列的规律涂绘颜色，如图 4 - 34（b）所示。同样的方法按照色纬的排列规律涂绘配色模纹图中的所有纬组织点，如

图 4 – 34（c）所示。最后将多余的 ⊡ 标记擦除就得到完成的配色模纹图，如图 4 – 34（d）所示。

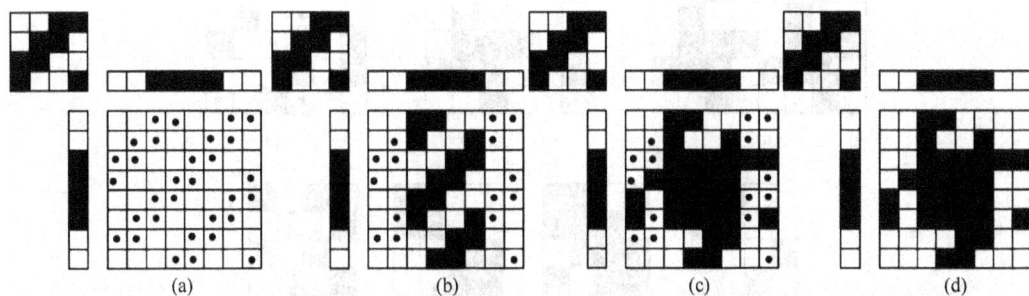

图 4 – 34　配色模纹图的绘制方法

需要注意的是，配色模纹图上的所有标记，只代表某种颜色的经浮点或纬浮点所显示的效果，并不表示经纬纱的交织情况，这点与组织图有较大区别，在今后的学习、应用中应加以注意。

（二）已知色纱循环和配色模纹图绘制组织图

当仿制一块织物，已知其色经色纬的排列顺序及循环，如何确定组织图，可以通过一个例子来说明，如图 4 – 35（a）所示为一组织的配色模纹图，已知的还有色经、色纬的排列均为 1A2B1A。将已知的条件按照如图 4 – 33 所示的在意匠纸上描绘出来，如图 4 – 35（b）所示，对其进一步分析确定组织图中每个组织点的性质，我们从图 4 – 35（b）中可以发现第一根经纱为 A 色（用 "□" 表示），要使其显示如图 4 – 35（b）所示的 AABA 这样的颜色排列，那么在第一根经纱与第二根纬纱交汇处必须为经组织点，而与第三根纬纱交汇处则必须为纬组织点，其余两个交汇点则既可以是经组织点也可以是纬组织点。将经组织点和纬组织点用以前学过的方式表示，而对于可以是经组织点也可以是纬组织点的点则先用颜色较浅的符号 ⊡ 将其标出。用同样的方法分析其余经纱，第二根经纱（B 色用 "■" 表示）与第一根纬纱交汇处必为经组织点，与第四根纬纱交汇处必为纬组织点，与第二、三根纬纱交汇处则可以是经组织点也可以是纬组织点；第三根经纱（B 色用 "■" 表示）与第一根纬纱交汇处必为纬组织点，与第四根纬纱交汇处必为经组织点，与第二、三根纬纱交汇处则可以是经组织点也可以是纬组织点；第四根经纱（A 色用 "□" 表示）与第二根纬纱交汇处必为纬组织点，与第三根纬纱交汇处必为经组织点，与第一、四根纬纱交汇处则可以是经组织点也可以是纬组织点。最终，将所有确定的组织点和不确定的组织点用相应的符号表示出来，如图 4 – 35（c）所示。之后根据图 4 – 35（c）可作出几个组织图，如图 4 – 35（d）、图 4 – 35（e）、图 4 – 35（f）和图 4 – 35（g）所示，至于采用哪个组织图，可根据织物的具体要求及上机条件来选择。

（三）已知配色模纹图确定色纱排列和组织图

因为色织物的外观与所采用的配色模纹关系密切，通常在设计时，先考虑配色模纹图，

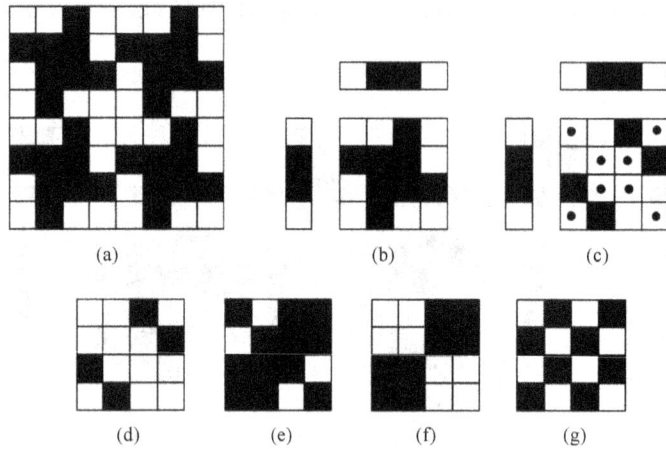

图4-35 已知色纱循环和配色模纹图绘制组织图

之后根据配色模纹图确定色纱排列顺序及组织图。下面结合实例介绍由配色模纹图作色纱循环和组织图的具体方法及步骤。

1. 根据配色模纹图，先确定色纬排列顺序

确定色纬排列顺序的一般规则是观察配色模纹的每根纬纱，以其上占比大的颜色作为该根纬纱的颜色。例如图4-36（a）为由A色（用"□"表示）和B色（用"■"表示）构成的配色模纹，取其中一个模纹循环，如图4-36（b）所示，之后确定色纬的排列，图中第一根与第四根纬纱上B色的组织点占比大，因此，这两根纬纱暂定为B色，而第二与第三根纬纱以A色的组织点占比大，则这两根纬纱暂定为A色。将此色纬排列及循环绘在配色模纹图的左侧，如图4-36（c）所示。

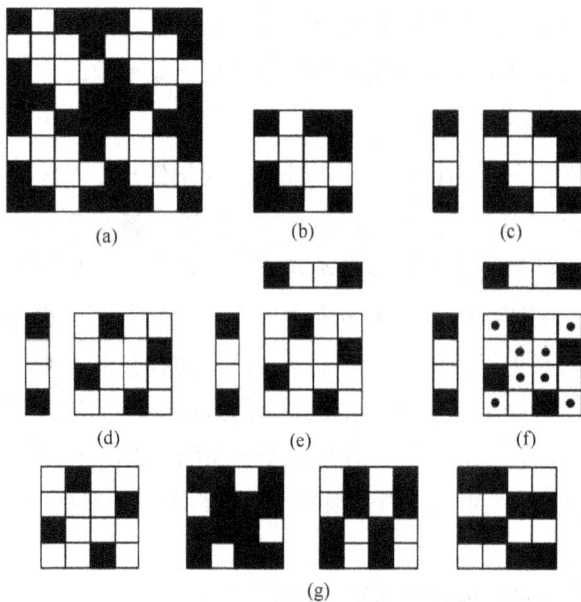

图4-36 已知配色模纹图确定色纱排列和组织图

2. 确定经组织点及色经排列顺序

根据暂定的色纬循环，观察每一根纬纱，凡与该根纬纱颜色不同的组织点必然是经组织点，且必然与该点所在的经纱颜色相同。观察图 4－36（c），可以看出，第 1 根纬纱与第 3 根经纱、第 4 根纬纱与第 2 根经纱相交处必然是经组织点，并由此可知，第 2、第 3 两根经纱必然是 A 色。第 2 根纬纱与第 1 根经纱、第 3 根纬纱与第 4 根经纱相交处也必然是经组织点，且这两个经组织点所在的经纱必然是 B 色。将其绘在配色模纹图的上方，如图 4－36（d）和图 4－36（e）所示。

3. 检查与调整色经、色纬排列顺序

色经排列顺序确定后，检查每根经纱上的所有必然经组织点是否为同一颜色。如果是同一颜色，说明确定的色纬排列顺序正确，从而也肯定了色经排列顺序；如果每根经纱的必然经组织点出现了不同的颜色，则说明原定的色纬排列顺序有错误，须加以调整。上述各步骤有时需反复进行。

4. 确定组织图

当色纬排列顺序图、必然经组织点图和色经排列顺序图确定以后，就可以确定除必然经组织点以外的其余组织点的性质，即哪些必须是纬组织点，哪些既可以是经组织点也可以是纬组织点，如图 4－36（f）所示。确定各组织点的性质以后，即可确定组织图，其确定方法参见图 4－35 所示，最终，其组织图如图 4－36（g）所示。

（四）配色模纹的应用

由平纹组织与不同色纱排列循环形成的常见配色模纹图，如图 4－37 所示。图 4－37（a）为平纹组织与间隔排列的两种色纱所形成的条格花纹。从图 4－37 可以看出，产生纵、横条纹的差别仅在于色纱的排列顺序不同。图 4－37（b）为由平纹组织与色经色纬构成风车形小点花纹。配色花纹循环经、纬数均为 4。图 4－37（c）为另一种纵横短条纹图案。

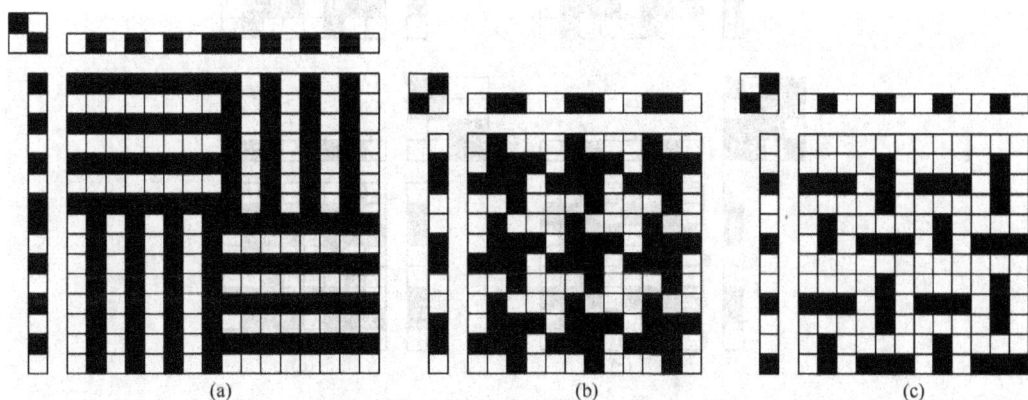

图 4－37 由平纹组织构成的配色模纹图

由 $\frac{2}{2}\nearrow$ 斜纹组织与色纱排列循环配合形成的几种配色模纹图，如图 4－38 所示。图 4－38（a）为阶梯形花纹；图 4－38（b）为纵横条纹组成的格子花纹；图 4－38（c）为犬牙形花纹。

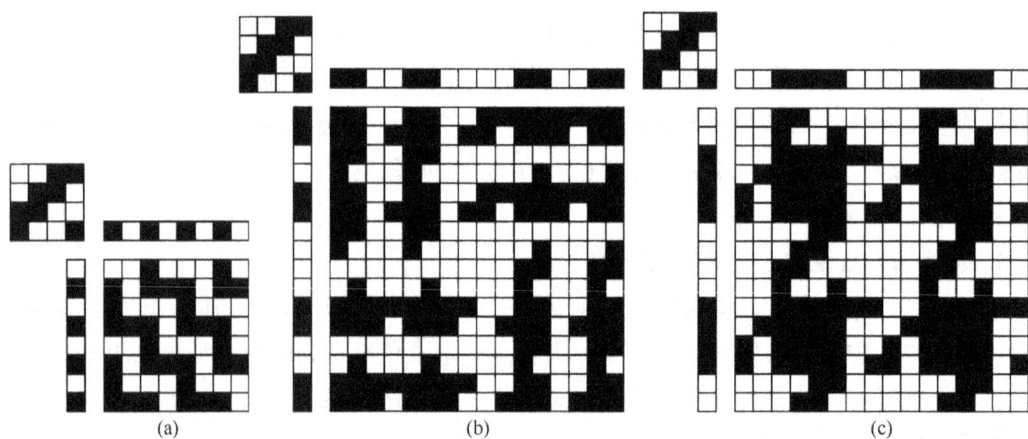

图 4 - 38　由斜纹组织构成的配色模纹图

由上面两图可以看出，同一个组织与不同的色纱排列相配合，可以形成不同的配色模纹图。而不同的组织也可以与适当的色纱排列相配合，得到相同的配色模纹图，如图 4 - 39 所示。

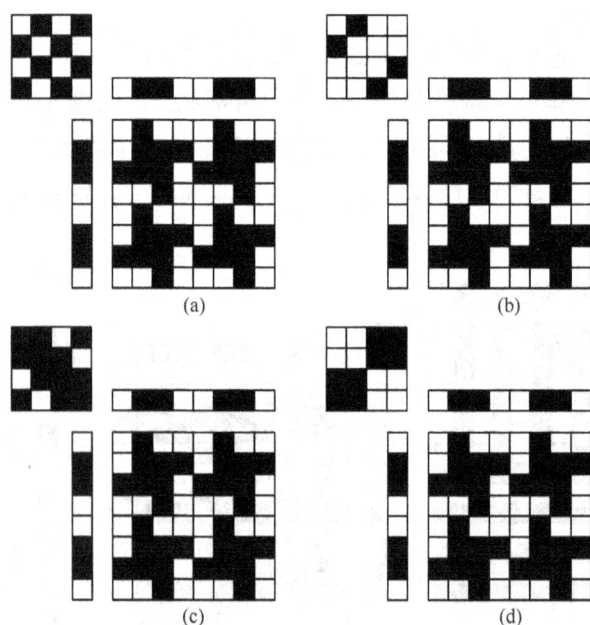

图 4 - 39　不同组织构成的配色模纹图

配色模纹在棉、毛织物中应用比较广泛，在棉型织物中常用于色织女线呢与仿毛粗花呢等产品。由平纹组织与色纱配合形成的纵横条格也是棉色织产品的传统配色花纹。在毛织物中，配色模纹常用于精纺花呢、粗纺花呢、女色呢等产品。如图 4 - 40 所示为一种鸟眼组织与两种颜色的经纬纱线配合而成的鸟眼花纹图案，可以在深色呢面上呈现浅色散点花。

图 4 - 40 鸟眼配色模纹图

配色模纹织物的设计与织制，除了根据产品要求外，还应随生产条件而定。例如，使用单侧多梭箱织机，色纬排列只能是偶数；使用纬纱颜色的多少也受多梭箱装置的限制。

❋项目实施 联合组织织物分析与试织

一、联合组织的分析

（一）目的与要求

1. 通过对织物进行分析，了解掌握有关联合组织织物的外观、特点及其效应和影响，以及产生外观效应的原因。

2. 加强分析织物的技术和技巧。

3. 要求分析时要认真仔细。

（二）实验仪器与工具

剪刀、照布镜、意匠纸、笔、挑针。

（三）分析内容及方法

1. 织物正反面的鉴定

（1）一般织物的正面花纹细洁、光泽好、美观。

（2）条格组织织物的正面纹路较反面的清晰。

（3）提花组织织物花纹整齐、美观的一面为正面。

（4）凸条组织织物的正面细密，凸条凸出、整齐，而反面有较长的浮长线。

2. 织物经纬向的鉴定

（1）一般而言，经密大于纬密，则密度大的为经向。

（2）条格组织中条子方向为经向。

（3）网目组织中网目长的方向为经向。

（4）小提花组织织物，提花系统的纱为经纱。

3. 分析织物组织画出组织图

（1）直接观察法。借助于照布镜而不用拆纱，用眼睛观察并判断出组织点，画出组织图。

（2）拆线分析法。参照项目二　三原组织及其织物中项目实施内容所讲的拆线法进行分析。

4. 分析织物的经纬纱、色纱排列

5. 联合组织简便的分析法

（1）分析条格组织时，该组织的分界线清晰，一般是找出对称处用底片翻转法画出组织图。分析方法是先数好一个组织循环的经、纬纱数并在意匠纸上画出范围，然后画出分界线，在左下角区域填充组织点，然后按底片翻转法画出其他区域的组织点。

（2）在分析绉组织、蜂巢组织、凸条组织织物时，可用拆线法，也可用直接观察法。其中绉组织较难分析，这是因为其组织点规律性差，只观察不容易找出循环，但用拆线法认真分析就可得出准确答案；蜂巢组织织物，其外观凹凸感强，正反面不容易区分，所以要求不严格，但组织点必须准确，尤其当不是规则蜂巢组织时候；凸条组织要求对每个凸条之间的组织点结合处的组织进行准确分析，特别是花式凸条，通过凸条之间位置的变换构成图形，所以分析要仔细。

（3）透孔、网目、平纹地小提花织物的组织循环比较大，所以分析时应有所侧重，它们一般都与一些简单的组织构成织物，所以本实验只要求在分析时，准确分析出特定组织的组织结构，及其与地组织的结合方式的组织图即可。

6. 分析结果汇总

将分析结果填入表4-1，组织图绘在如图4-41所示的空白意匠纸上。

表4-1　分析结果汇总表

密度	经密	公制（根/10cm）	英制（根/英寸）
	纬密	公制（根/10cm）	英制（根/英寸）
织缩率（%）	经		
	纬		
色纱排列	经纱		
	纬纱		

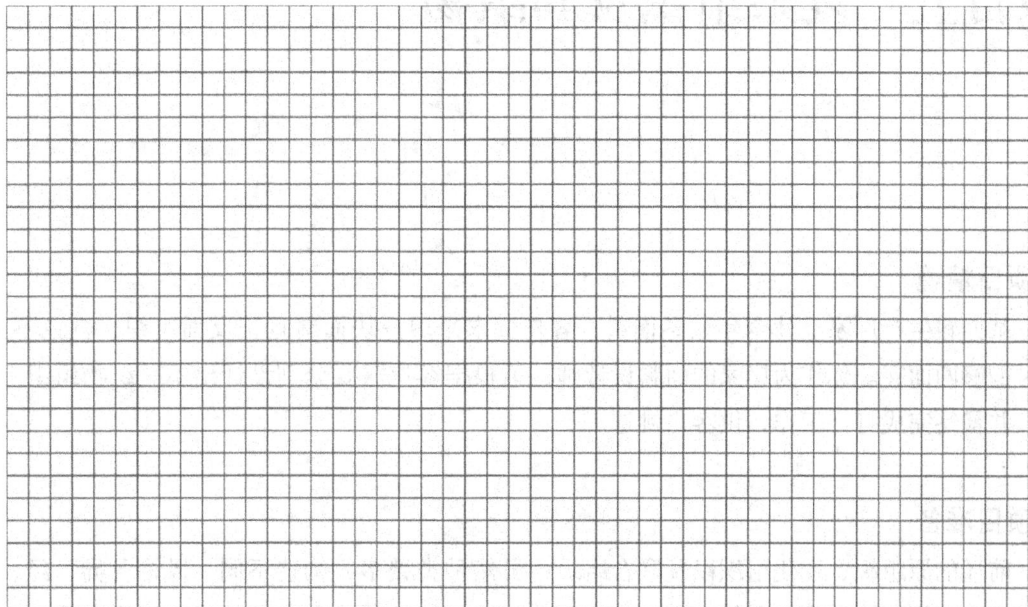

图 4 - 41　组织图

二、联合组织的仿样试织

（一）计算试织工艺

计算试织工艺并填入表 4 - 2。

表 4 - 2　工艺计算表

纱线规格		小样幅宽		筘号	
织物经纬密度		总经根数		每筘穿入数	
织物组织		边纱根数		筘幅	
穿综顺序					
经纱排列					
纬纱排列					

（二）按照小样试织的要求进行仿样试织

此步骤，参照项目三　变化组织及其织物中的项目实施的小样试织进行试织。

（三）注意事项

（1）属于仿制的织物，实习指导老师应根据现有的纱线颜色指导学生选择合适的颜色搭配。

（2）学生在选择颜色时要考虑织物的风格特征和用途。

（3）试织透孔组织时必须注意空筘。

（4）根据每筘穿入数、组织经纱循环数可以适当调整色纱排列中每个颜色的根数。

项目五　复杂组织及其织物

✳项目情境

　　某面料生产厂家设计今年秋冬面料，客户要求采用一块面料且正反面组织、颜色不同，同时能够两面穿。你作为厂家的面料设计师，请根据客户需要分别设计出不同织物组织上机图，并最终完成打样工作，供客户挑选。

✳项目准备

　　前述的原组织、变化组织以及联合组织，虽然种类繁多，构造不同，风格各异，经、纬纱线也可使用不同的颜色和线密度，但是，从组成纱线的系统和构造的复杂程度来看，这些组织织物都只使用一个系统经纱与一个系统纬纱交织，即经纱与纬纱交织只在同一个平面内进行。其组织绘作、织造工艺和设备条件等都比较简单，所以把这些组织统称作简单组织。本节所述的复杂组织则不同，所使用的经纱和纬纱，至少有一组是由两个或两个以上系统的纱线所组成。

　　复杂组织的这种组织结构能增加织物的厚度且表面细致，或改善织物的透气性且结构稳定，或提高织物的耐磨性且质地柔软，或能得到一些简单组织无法得到的性能和模纹等。这些组织多数应用于服装、家用纺织品和产业用纺织品之中。复杂组织按照形成方法分，主要有以下几种。

1. 重组织

　　在形成这种织物的经纱和纬纱中，有一个方向的纱线至少具有两个系统，同方向各个系统的纱线，在织物中相互重叠，这类织物称作重组织。

2. 双层及多层组织

　　这些织物中的经纱和纬纱各有两个或两个以上的系统，织物也就由两层或多层所组成。层与层之间可相互分离，也可以按一定的方法联结在一起。

3. 起毛与毛巾组织

　　这类织物通常也是由两个系统的经纱与一个系统的纬纱或者两个系统的纬纱与一个系统的经纱所交织而成的。在同方向的两个系统纱线中，其中一个系统的纱线在织物表面形成毛绒或毛圈。在织物表面形成毛绒的称作起毛组织，形成毛圈的称作毛巾组织。

4. 纱罗组织

　　这种织物是由两个系统的经纱与一个系统的纬纱交织而成的，利用两个系统经纱的相互扭绞而在织物表面形成分布均匀的孔眼。

一、二重组织及其织物

二重组织是复杂组织中最为简单的一种。它分为经二重组织和纬二重组织两类。经二重组织是由两个系统的经纱与一个系统的纬纱交织而成的组织。纬二重组织是由两个系统的纬纱与一个系统的经纱交织而成的组织。二重组织可以增加织物的厚度及重量，也可以使织物的正反面获得不同的组织、色彩或花纹，以丰富织物的外观。

同时，也可以利用二重组织可使经纱或纬纱具有重叠配置的特点，可在一些简单组织织物中局部采用，织物表面按照花纹要求，将起花纱线在起花时浮在织物表面，不起花时沉于织物反面，起花部分以外的织物仍按照简单组织交织，形成各式各样局部起花的花纹，这种组织称作起花组织。

当起花部分由两个系统经纱（即花经和地经）与一个系统纬纱交织时，称经起花组织。同样，由两个系统纬纱（即花纬和地纬）与一个系统经纱交织时，称作纬起花组织。

（一）经二重组织

经二重组织由两个系统经纱，即表经和里经与一个系统纬纱交织而成。其表经与纬纱交织构成织物正面，称作表面组织；里经与同一纬纱交织构成织物反面，称作反面组织，反面组织的里面在织物内部称作里组织。反面组织与里组织互为底片翻转关系。经二重组织多数用以织制较厚的高级精梳毛织物，有时用以织制经起花织物。

1. 设计经二重组织需掌握的原则

（1）表面组织与里组织的选择。经二重组织织物正反两面均显现经面效应，其基础组织可以相同也可以不相同，但表面组织多数是经面组织，反面组织也是经面组织，因此，里组织必是纬面组织。

（2）为了在织物正反两面具有良好的经面效应，表经的经组织点必须将里经的经组织点遮盖住，这里要求里经的短浮线必须配置在相邻表经两浮长线之间，即必须将里组织的经组织点配置在表组织的经浮长线之间。此外，每一根纬纱要与两种经纱相交织，应使纬纱的屈曲均匀且尽可能小。这可以通过经纬向截面图观察其配置是否合理。

（3）表里经纱排列比根据织物质量和使用目的来定。一般常用的排列比为 1∶1 或 2∶1。当表里经纱线密度与密度相同时，可采用 1∶1 的排列比，若仅仅为了增加织物厚度与质量，则可采用原料较差、线密度较高的里经纱线，此时可采用 2∶1 的排列比。

（4）经二重组织的组织循环纱线数的确定。经二重组织的组织循环纱线数可按下式计算得到。

$$R_j = \left(\frac{R_{b_j} 与 b_j 的最小公倍数}{b_j} 与 \frac{R_{r_j} 与 r_j 的最小公倍数}{r_j} 的最小公倍数 \right) \times (b_j + r_j)$$

$$R_w = 表组织、里组织循环纬纱数的最小公倍数$$

式中：R_{b_j}——表组织的组织循环经纱数；

$\quad\quad R_{r_j}$——里组织的组织循环经纱数；

$\quad b_j$、r_j——表经、里经的排列比。

2. 绘制经二重组织的方法

举例说明经二重组织的绘制方法。

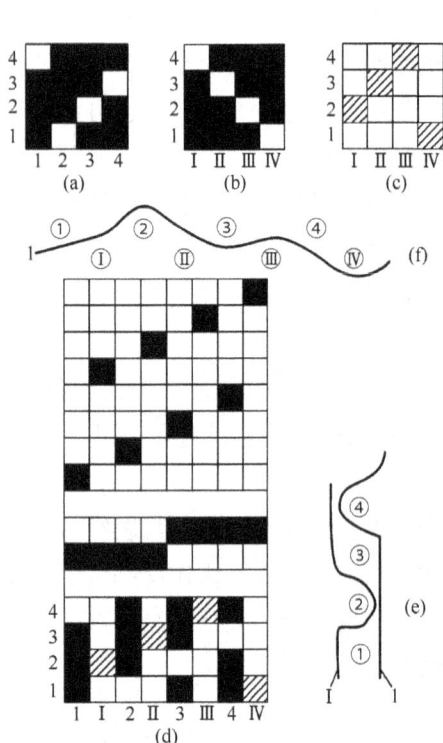

图 5 - 1　经二重组织

例：表组织采用$\dfrac{3}{1}$↗斜纹组织，反面组织采用$\dfrac{3}{1}$↖斜纹组织，表经、里经排列比为 1∶1，求作一个经二重组织。

首先，根据题目要求绘作表组织和反面组织，如图 5 - 1（a）、（b）所示。之后由反面组织用底片翻转法求得里组织为$\dfrac{1}{3}$↗斜纹组织，并调整起始纱线位置使其能够将里组织的经组织点配置在表组织的经浮长线之间，如图 5 - 1（c）所示。再根据确定经二重组织组织循环纱线数的公式求得其组织循环纱线数，$R_j = 8$，$R_w = 4$。然后在表经 1、2、3、4 与纬纱相交的纵行上填入表组织，将调整后能与表组织合理配置的里组织填入组织中里经Ⅰ、Ⅱ、Ⅲ、Ⅳ与纬纱相交的纵行上，绘作完成的组织图如图 5 - 1（d）所示。并在组织图旁边分别绘作经向截面图如图 5 - 1（e）所示和纬向截面图如图 5 - 1（f）所示。

3. 经二重组织的上机要点

经二重组织一般采用分区穿法，表经因提综次数多，宜穿入前区，里经则穿入后区，如图 5 -1（d）所示的穿综图。因为经二重组织的经密较大，所以每筘齿穿入数宜多。为了使表里经在织物中相互重叠，同一组内的表里经应穿入同一个筘齿内。当表里经排列比为 1∶1 时，根据经密大小不同，每筘齿穿入数可为 2 根（1 表 1 里）、4 根（2 表 2 里）或 6 根（3 表 3 里）；当表里经排列比为 2∶1 时，每筘齿穿入数可为 3 根（2 表 1 里）、6 根（4 表 2 里）。图 5 - 1（d）中，由于表里经排列比为 1∶1，所以选择 4 根纱线（2 表 2 里）一入。

当织制的经二重组织织物的表里经的原料、纱线线密度相同，表里组织相同或接近时，采用单织轴织造；否则，应采用双织轴织造。

如图 5 -2 所示为以$\dfrac{2}{2}$方平组织为表面组织，$\dfrac{3}{1}$破斜纹组织为反面组织，表里经排列比为 2∶1，所绘制的异面经二重织物的上机图。

织制异面经二重织物，可采用廉价的里经，以达到既增厚又降低成本的目的。

4. 经起花组织

局部采用经二重组织的经起花织物，起花部分的组织是按照花纹要求在起花部位由两个

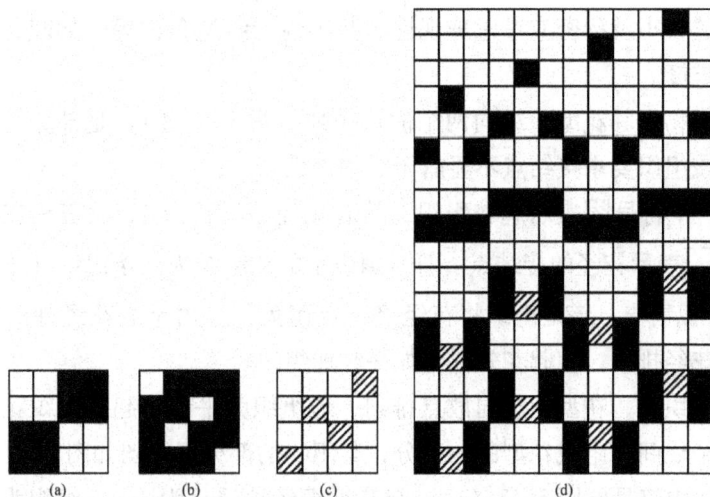

图 5-2　异面经二重组织上机图

系统经纱（即花经和地经）与一个系统纬纱交织。起花时，花经与纬纱交织使花经浮在织物表面，利用花经浮长变化构成花纹；不起花时，该花经与纬纱交织形成纬浮点，即花经沉于织物反面。起花以外部分为简单组织，仍由地经与纬纱交织而成。这种局部起花的经起花织物大都呈现条子或点子花纹。此外，尚有起花部位遍及全幅的经起花织物，其花经分布全幅形成满地花。此组织大多用以织制色织线呢与色织薄型织物等。

设计经起花组织应掌握的原则如下。

（1）起花组织与地组织的选择。

①经起花部位的织物由经组织点构成。根据花型要求，一般织物经纱浮长线的组织点数，少至一个，多达五个，甚至更多。当经起花部位经向间隔距离较长，即花经在织物反面浮线较长时，则容易被磨断而使织物不牢固，故需间隔一定距离加一经组织点，即花经与纬纱交织一次，这种组织点称作接结点。

②地组织的选择可按照织物品种、花型要求来定。当织物品种要求厚实时，地组织往往采用变化组织、联合组织等；有些薄织物如府绸、细纺采用经起花组织，其地组织多数采用平纹。为了突出花型，要求地布平整，地组织的浮线不干扰花经的长短浮线。花经的接结点要视花型的要求进行合理的配置。当花经接结点与两侧地经组织点相同时，即均为经组织点，则接结点可不显露；当花经接结点一侧与地组织的组织点相同时，则接结点轻微显露；当花经接结点与两侧地组织的组织点均不相同时，即两侧地经均为纬组织点，则接结点易暴露。不少织物就利用这种接结点的显露，给予合理配置，构成花型的一部分，如构成一种衬托的隐条纹，增加花型的层次感和立体感。此手法常见于经起花织物。

经起花织物的地组织多数采用平纹组织，因为平纹组织交织点多，地布易平整，且平纹均为单独组织点，无论花型大小都易于使花经的浮线与接结点配合。

③花经与地经排列比可根据花型要求、织物品种来定。常用的排列比为 1：1、1：2、2：2、

1:3等，根据花型要求也可采用一种以上的排列比。

④花型配置的大小及稀密应考虑美观性、坚牢性与织造条件等。如起花经浮线过长，则会影响织物的坚牢度。

如某女线呢织物，其花型为纵向两个散点排列。图5-3（a）是部分组织图，仅为织物花型的一部分，该组织要求接结点不显露于织物表面。

图5-3（a）中符号▨表示起花组织，其起花经纱浮长为4，由三根花经构成，与地经相间排列，符号·表示花经的接结点。符号■表示的地组织为凸条组织（如图中标出的8根经纱）。从图中可以看出，该地组织将花经接结点遮盖住。由于起花经纱两侧的地组织经浮线较长，故影响花经排列，使起花效果不如平纹地组织。

又如某女线呢织物，花型为经向散点排列，地组织为平纹，起花组织花经纱接结点要求细小地散布于点子之间。组成花型的一部分，其织物的部分组织图如图5-3（b）所示。

图5-3（b）中符号同图5-3（a），起花组织经纱浮长为3，地组织为平纹，花经接结点仅一侧与地组织相同，故微显露于织物表面组成花型的一部分。

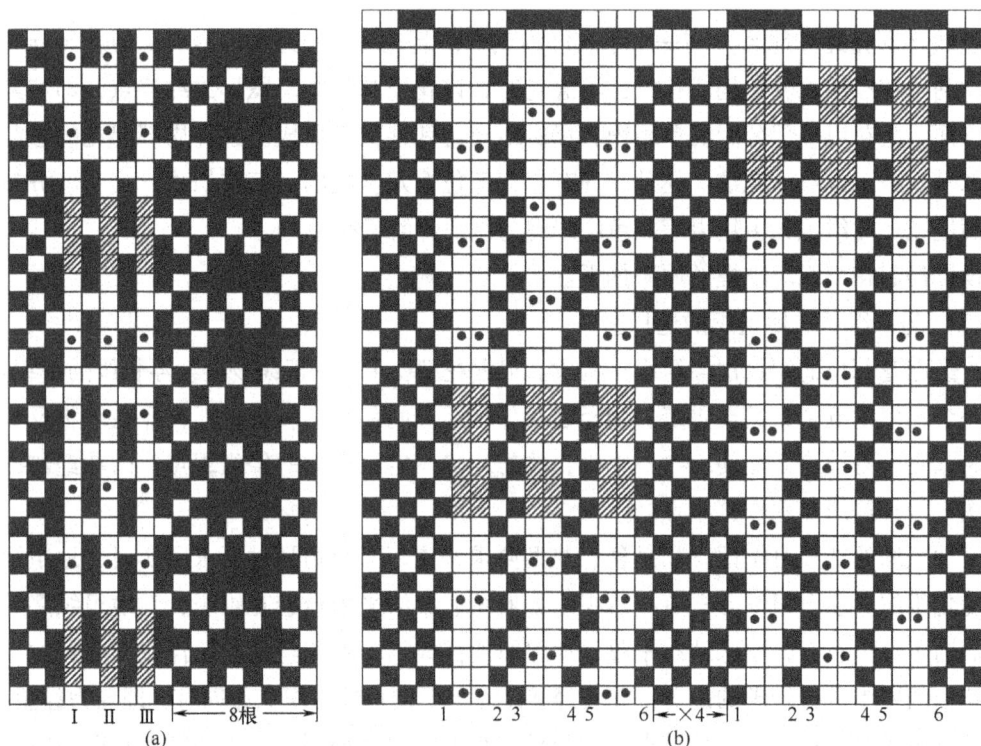

图5-3　经起花织物组织

质地薄爽的织物多数采用平纹地组织，起花组织根据花型要求而定，不少织物不仅利用花经纱浮线长短不一构成各种花纹，而且还合理配置接结点组成花型的一部分。如图5-4（a）为平纹地组织、满地花型的经起花色织府绸的组织图。也有些织物，花经采用平纹地组织起花，将花经配以色经、粗经来突出起花效果。如图5-4（b）为某色织涤棉织物组织图，其地组织为平纹，花经采用比地经粗的色纱，利用平纹接结点构成花型。

(a)

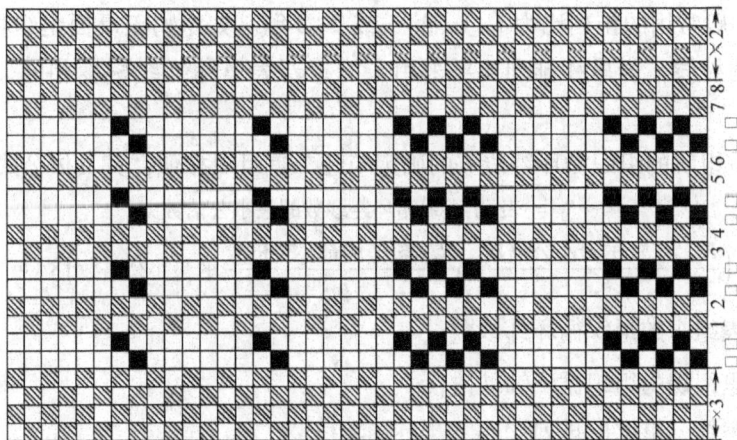
(b)

图 5-4 经起花组织

（2）经起花组织的上机。

①穿综采用分区穿法。一般地经纱穿在前区，使开口清晰，起花组织经纱穿入后区，其中花纹相同的经纱穿入同一区内。

②穿筘时，一般将花经夹在地经中间，并穿入同一筘齿中；或使花经穿入数为地经穿入数的 1 倍，这些穿法都便于花经浮起。

③经起花组织经纱张力的处理。当起花组织与地组织的交织点数相差很大时，花经与地经的张力不同。花经张力小易造成织造困难，如果采用双轴织造，则花经与地经可分别卷在两个织轴上，张力可分别处理，以使花型清晰、织造顺利，但织轴的卷绕长度较难控制，而且布机操作也麻烦。如两种组织的平均浮长差异不大时，可采用单织轴织造，只要在准备、织造工序中采取适当措施，如整经时对花经加大张力，进行预伸，就可减少花经在织造过程中因受力而伸长。当绘制织物组织时，尽量使花组织与地组织的交织次数接近，酌情采用预伸等措施，这样一来，仍可采用单织轴织造，减少设备改装工作。

（二）纬二重组织

纬二重组织是由两个系统的纬纱（表纬和里纬）与一个系统的经纱交织而成的。与经二重组织相类似也有表组织、里组织和反面组织。纬二重组织应用较多，通常用于织制毛毯、棉毯、厚呢绒、厚衬绒等，也有用于技术织物，如工业用滤尘布等。

1. 设计纬二重组织的原则

（1）表面组织与里组织的选择。纬二重组织织物的正反两面均显现纬面效应，其基础组织可相同或不同。但表面组织多是纬面组织，反面组织也是纬面组织，因此，里组织必是经面组织。

（2）为了在织物正反面具有良好的纬面效应，表纬的纬浮线必须将里纬的纬组织点遮盖住，这就要求里纬的短纬浮长配置在相邻表纬的两浮长线之间，即必须将里组织的纬组织点配置在表组织的纬浮长线之间。经纬纱之间的配置是否合理，可通过对纵向与横向截面图进行观察。

（3）表里纬排列比的选择，取决于表里纬纱的线密度、基础组织的特性以及织机梭箱装置的条件等。一般常用的排列比为 1:1、2:1 或 2:2 等。如织物正反面组织相同时，若里纬纱为线密度高的纱线，表里纬排列比可采用 2:1；若表里纬纱线密度相同，则排列比采用 1:1 或 2:2。

（4）纬二重组织的组织循环纱线数的确定与经二重组织相似，其具体公式如下。

$$R_j = 表、里组织循环经纱数的最小公倍数$$

$$R_w = \left(\frac{R_{bw} 与 b_w 的最小公倍数}{b_w} 与 \frac{R_{rw} 与 r_w 的最小公倍数}{r_w} 的最小公倍数 \right) \times (b_w + r_w)$$

式中：R_{bw}——表组织的组织循环纬纱数；

R_{rw}——里组织的组织循环纬纱数；

b_w、r_w——表纬、里纬的排列比。

2. 纬二重组织的绘制方法

通过例题来进行纬二重组织绘制方法的说明。

例：求作一纬二重组织，表组织与反面组织均为四枚不规则纬面缎纹组织，表里纬排列比为1：1，试确定这一纬二重组织。

首先画出表组织［图5-5（a）］和反面组织［图5-5（b）］，再由反面组织用底片翻转求得里组织，如图5-5（c）所示。之后根据表、里组织的配合关系，将里组织的纬浮点安排在上下相邻两表纬浮长线之间，求得与表组织配合适宜的里组织，如图5-5（d）所示。然后根据公式确定组织循环纱线数，$R_j = 4$，$R_w = 8$。最后将表组织绘入组织图中，并将调整好的里组织也一同绘入，便可完成此纬二重组织，如图5-5（e）所示。而图5-5（f）、（g）分别为经向和纬向截面图。

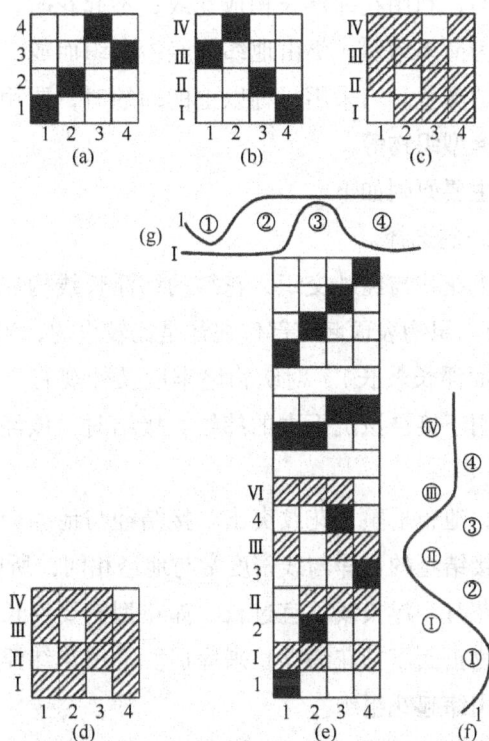

图5-5　纬二重组织

3. 纬二重织物的上机要点

纬二重织物上机时，采用顺穿法。因纬二重织物需有较大的纬密，所以经密不宜太大，每筘齿穿入数一般为2~4根。纬二重织物多数呈纬纱效应。按其用途施以起毛或刮绒等后整理工序，从而使织物手感柔软，保温性好。因织造时经纱受外力作用大，所以可采用强力较高的原料作经纱。如某些毛毯采用棉为经纱，毛为纬纱，经过后整理，毛纱盖住了棉纱。某些棉毯、衬绒织物，经纱采用较细的优质棉纱，而纬纱可用线密度较高且廉价的棉纱。

当表里纬纱的纤维材料、线密度、颜色不同时，就需采用多梭箱装置。在纬纱排列比为2：1或1：1时，织机应该使用双侧多梭箱；而排列比为2：2时，则可使用单侧多梭箱装置。

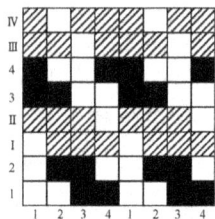

图 5-6 滤尘布组织

如某工业用滤尘布，经纬纱均为棉纱，表面组织为$\frac{2}{2}$↗，反面组织为

$\frac{1}{3}$↗，里组织为$\frac{3}{1}$↖，表里纬纱排列比为2∶2，绘出的织物组织图如图 5-6 所示。

4. 纬起花组织

纬起花组织是由简单的织物组织，再加上局部纬二重组织构成的。纬起花组织的特点是按照花纹要求在起花部位起花，其起花部位是由两个系统的纬纱（即花纬和地纬）与一个系统经纱交织而形成花纹。起花时，花纹与纬纱交织，花纬浮线浮在织物表面，利用花纬浮长构成花纹；不起花时，该花纬沉于织物反面，正面不显露。起花以外部位为简单组织，仍由地纬与经纱交织而成。为了使纬起花组织花纹明显，起花纬纱往往用显眼的颜色。当采用一种以上的纬纱时，要用多梭箱织机织制。此组织大多用以织制色织线呢与薄型织物等。

设计纬起花组织时，主要原则如下。

（1）起花组织与地组织的选择。

①纬起花部位，织物由花纬与经纱交织，花纬的纬浮长线构成花纹，根据花型要求，一般织物纬纱浮长为 2~5 根。织物表面起花部位往往是比较少的，当纬起花部位在纬向的间隔距离较长（花纬在织物反面浮长较长），对织物坚牢度及外观有一定的影响时，就要每隔四五根经纱，安排一根经纱用于接结该沉下去的纬纱。接结时，该经纱沉于花纬的下方，称作接结经。

②地组织多采用平纹，地布平整，花纹突出。接结经与地纬交织时，其接结组织点虽然难免会露于织物表面，但接结经的色泽与线密度常与地经相同，所以对织物外观无显著影响。

③花纬在织物正面起花时，浮长线不宜过长，如花型需要浮长线较长时，一般就利用接结经旁边的一根地经在织物正面压抑花纬浮长来完成。常用花纬浮长以三四根为宜。有时为了仿照结子线效果，常利用纬起花组织。

④花纬与地纬的排列比，按花型要求、织物品种来定。采用2∶2、2∶4、2∶6 等多种。

⑤纬起花组织的组织循环纱线数的确定原则，与经起花组织的相同。

如图 5-7 所示，符号□表示花纬浮在织物表面的浮长，均为两根纬纱并列，花纬浮长为4；符号·表示花纬沉于织物反面，故地经必须提起；符号■表示接结经纱与地纬交织时的经组织点，花纬在织物背面的浮长线较长，如果没有接结经在背部接结，那么织物反面的浮长线将很长，图 5-7 中第5、第10、第15、第20、第25、第30 根经纱为接结经纱。在起花部分，花纬与地纬的排列比为2∶2，地经与接结经的排列比为4∶1。起花部分的组织循环经纱数 $R=30$，组织循环纬纱数 $R=20$。

（2）纬起花组织的上机。

①穿经采用分区穿法，一般地综在前，起花综在后，接结经综在中间。图 5-7 中起花部分共用 11 页综织造，其中 1~4 为地综，接结经在中间用 1 页综，三种花型各用 2 页综，共

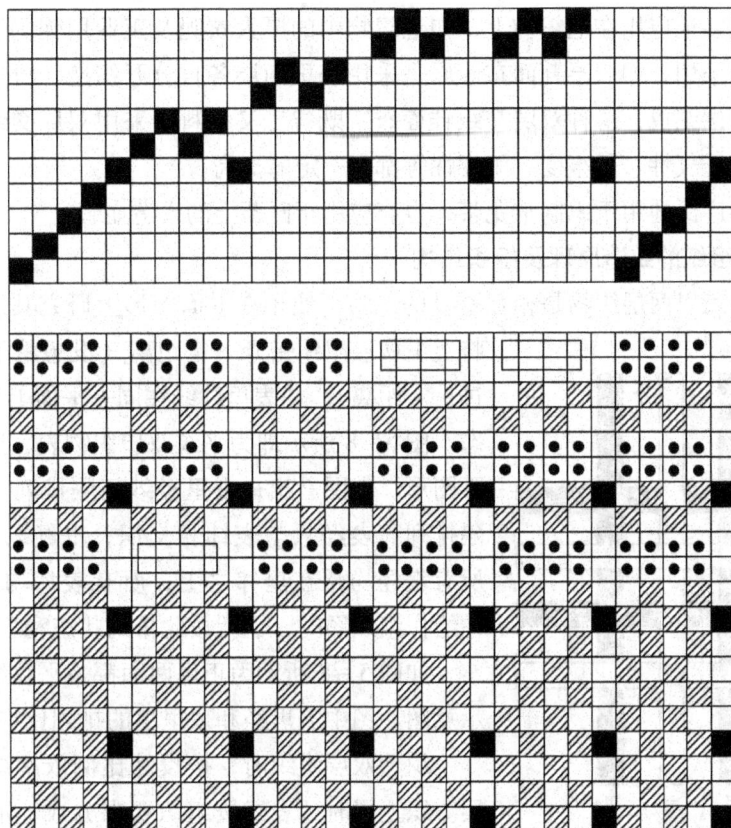

图 5-7 纬起花织物组织

需采用 6 页综。

②接结经与相邻经纱穿入同一筘齿中。有时为了突出花纬，可在起花部位采用停卷装置。此外，还有一些纬起花组织，在织物起花时，花纬与经纱交织，纬浮长线浮在织物表面构成花纹，不起花时，花纬不沉于织物背面而是与经纱交织，地纬与经纱交织形成地组织。这种组织随起花组织与地组织的不同，也有很多种形式。

经纬起花组织可同时应用于一个品种，如手帕、线呢等。

二、双层组织及其织物

双层组织是由两个系统的经纱与两个系统的纬纱交织而成的具有上、下两层织物结构的组织。其上层称为表组织，织制上层的经纬纱称作表经、表纬；双层组织的下层称作里组织，织制下层的经纬纱称作里经、里纬。

双层组织的上、下两层，各自相对独立但又有联系。根据其上下层连接方法的不同可分为五种：连接上下层的两侧构成管状织物；连接上下层的一侧构成双幅或多幅织物；在管状或双幅织物上，加上平纹组织，可构成各种袋织物；根据配色花纹的图案，使表里两层作相互交换而构成表里换层织物；利用各种不同的接结方法，使两层织物紧密地连接在一起，构成接结双层织物。

双层组织较多地应用在毛织物上，如毛织物中的厚大衣呢及工业用呢的造纸毛毯等。在棉织物中也逐渐采用，如双层鞋面布。原是采用表里两层各自分开织造，再进行胶合的生产工序，现在可一次织成，这种双层交织鞋面布，既省工又省料。采用双层交织鞋面布还能使鞋的服用性能如透气性、坚牢度、耐磨性等都有一定的提高。

双层组织还广泛地用于织制水龙带，也有应用于医药上的人造血管。

（一）双层组织的织造原理及组织结构

双层组织的表里两层织物是相互重叠的。为了便于在平面图形上研究其组织规律，设想将上下两层组织错开一定距离（设想将下层织物向右移过一定距离），使表里纱线在同一平面上呈间隔排列的状态。图5-8所示即为平纹双层织物表、里错开形成的平面图形。由图看出，表里经纱间隔排列，表里纬纱也间隔排列。表经只与表纬相交织；里经只与里纬相交织。所有表经均浮在里纬之上；所有表纬均浮在里经之上。在绘作组织图时，也就按此排列状态和沉浮规律来填绘。

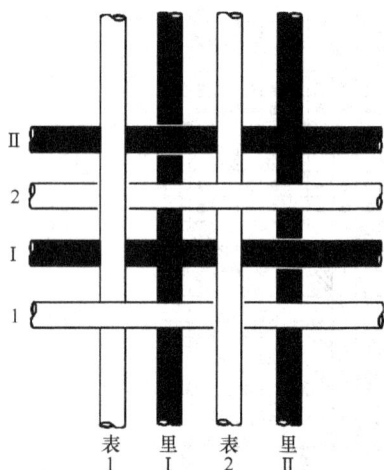

图5-8 双层织物示意图

如图5-8所示为正反两面都是平纹组织的双层织物示意图。图中表里经和表里纬的排列比均为1:1。

织造双层组织时，按投纬比例依次织制织物的上下层。织上层时，表经按组织要求分成上下两层与表纬交织，而里经全部沉于织物下层与表纬并不交织；织下层时，即里纬投入时，表经纱必须全部提起，里经按组织要求分成上下两层与里纬进行交织，而表经与里纬并不交织。

图5-9表示平纹双层织造的提综情况，表经穿1、2页综，里经穿3、4页综。提综情况如下。

织第一纬：织上层，投表纬1，里经沉于下面，第1页综上升，如图5-9（a）所示。

织第二纬：织下层，投里纬I，表经全部提起，第3页综上升，如图5-9（b）所示。

织第三纬：织上层，投表纬2，里经沉于下面，第1页综下降，仅第2页综仍留在上升位置，如图5-9（c）所示。

织第四纬：织下层，投里纬II，表经全部提起，第4页综上升，如图5-9（d）所示。

由图5-9可知双层织造时：

（1）织下层投里纬时，表经必须全部上升。

（2）织上层投表纬时，里经必须全部留在梭口下部。

1. 设计双层组织的要点

①表里层组织的确定。双层织物的上下两层是各自独立的。表里两层可采用相同的组织，也可采用不同的组织。表里层组织不相同时，它们的交织次数不宜相差过大，否则，会造成

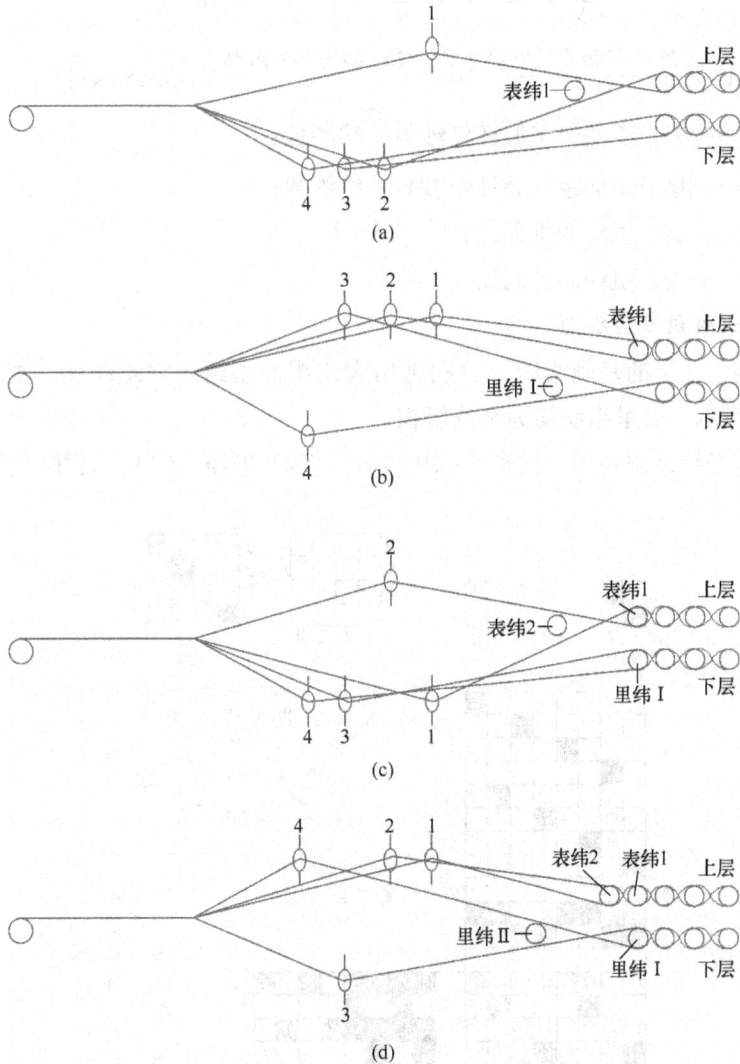

图 5-9 双层织造的提综情况

织造困难，影响布面平整。常用的表、里组织有平纹、斜纹、重平、方平和四枚破斜纹等。

②表经与里经的排列比，与采用的经纱线密度、织物的要求有关。如表经细里经粗，表里经排列比可采用2:1；如表里经线密度相同，一般采用1:1或2:2；又如织物的正面要求紧密，反面要求稀疏，在表里经采用相同线密度的情况下，表里经的排列比可采用2:1；若要求织物的正反面紧密度一致，则表里经排列比可采用1:1或2:2。

③表里纬投纬比与纬纱的线密度、色泽和所用织机的类型有关。如表里纬不同，并在单侧多梭箱织机上织造，投纬比必须是偶数，即2表、2里，或其他偶数比间隔投梭；如在双侧多梭箱织机上织造，表里纬投纬比可不受限制。

④确定组织循环纱线数，公式如下。

$$R_j = \left(\frac{R_{bj} \text{ 与 } b_j \text{ 的最小公倍数}}{b_j} \text{ 与 } \frac{R_{rj} r_j \text{ 的最小公倍数}}{r_j} \text{ 的最小公倍数} \right) \times (b_j + r_j)$$

$$R_w = \left(\frac{R_{bw} \text{ 与 } b_w \text{ 的最小公倍数}}{b_w} \text{ 与 } \frac{R_{rw} \text{ 与 } r_w \text{ 的最小公倍数}}{r_w} \text{ 的最小公倍数} \right) \times (b_w + r_w)$$

式中：R_{bj}、R_{bw}——表组织的组织循环经纱数、纬纱数；

R_{rj}、R_{rw}——里组织的组织循环经纱数、纬纱数；

b_j、r_j——表、里经的排列比；

b_w、r_w——表、里纬的排列比。

2. 双层组织组织图的绘制

①确定表层、里层的基础组织，分别画出表组织及里组织的组织图。如图 5 – 10（a）、图 5 – 10（b）所示，表里组织均为平纹组织。

②确定表里经纬纱排列比，如图 5 – 10 所示，表经：里经 = 1 : 1，表纬：里纬 = 1 : 1。

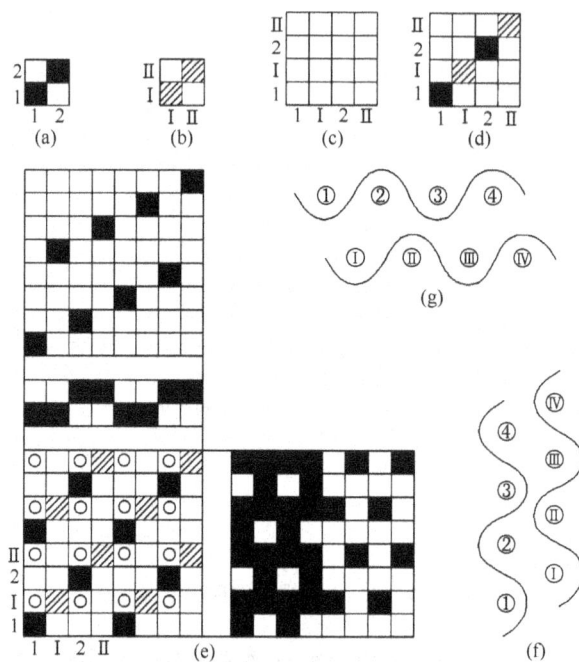

图 5 – 10　双层组织的上机图

③根据组织循环纱线数的计算公式，分别求出经纬纱线循环数。由图 5 – 10 可得出：

$$R_j = 2 \times (1 + 1) = 4$$
$$R_w = 2 \times (1 + 1) = 4$$

④按照表里经纱的排列比、表里纬纱的投纬比，决定组织图中表经、里经、表纬、里纬，并分别注上序号。如图 5 – 10（c）所示，图中1、2……分别表示表经与表纬，I、II……分别表示里经与里纬。

⑤把表层组织填入代表表组织的方格中，把里层组织填入代表里组织的方格中，如图 5 – 10（d）所示。

⑥由于是双层织造，织里纬时表经必须全部提起，因此，描绘组织图时要注意表经与里纬相交织的方格中，必须全部加上特有的经组织点。如图5-10（e）中以符号○表示。这些经组织点是双层织物组织结构的需要。如图5-10（e）所示为双层织造的上机图。

穿筘图中，同一组的表里经穿入同一筘齿内，以便表里经上下重叠。穿综图、纹板图则与单层组织的绘制方法相同。穿综时，一般采用表经穿在前页综，里经穿在后页综的分区穿法。

（二）管状组织

将双层组织的两侧连接起来，便可织制成管状织物，其组织称作管状组织。

1. 管状织物的设计要点

（1）管状织物应选用同一组织作为表里两层的基础组织。在满足织物要求的前提下，为了简化上机工作，基础组织应尽可能选用简单的组织。

管状织物的基础组织可按以下两种情况确定。

①要求管状织物折幅处组织连续，则应采用纬向飞数 s 为常数的组织作为基础组织，如平纹、纬重平、斜纹、正则缎纹等均可。

②如果对管状织物折幅处组织连续的要求不严格时，则可采用 $\frac{2}{2}$ 方平，$\frac{2}{2}$ 破斜纹，$\frac{1}{3}$ 破斜纹等作为基础组织。

（2）管状组织表里层经纱的排列比通常为 1:1，表里纬投纬比应为 1:1。

（3）织制管状织物，织物的表层和里层的相连处如果要求织物组织连续，则经纱总根数的确定很关键，不能随意增加或减少总经根数，否则管状织物的两侧边缘组织会受到破坏，为正确地确定管状织物的总经根数，可按下列公式进行计算：

$$m_j = R_j Z \pm S_w$$

式中：m_j——总经根数；

    R_j——基础组织的组织循环经纱数；

    Z——表、里基础组织的个数；

    S_w——基础组织的纬向飞数。

如用平纹组织作为管状织物的基础组织，其总经根数按上式计算应当是奇数。又如当基础组织为 $\frac{2}{2}$ 纬重平，则以 $S_w = 2$ 计算。如是 $\frac{5}{3}$ 纬面缎纹，则以 $S_w = 3$ 来计算。

从左向右投第一纬时，S_w 取（-）号；从右向左投第一纬时 S_w 取（+）号。

（4）管状组织的表组织与里组织的配合。当表组织已经选定，且经纱的总根数也已算出，其里组织可按所选定的表层基础组织和总经纱数，从管状织物的横截面图中加以确定。

如图5-11所示是以平纹组织为基础组织的亚麻水龙带管状组织的上机图。其中图5-11（a）为管状织物表层的纬纱与表层的经纱相交织的组织图；图5-11（b）为管状组织里层的纬纱与里层的经纱相交织的组织图；图5-11（c）为管状织物的上机图；图5-11（d）为管状织物 $m_j = 7$ 的横向截面图。其总经根数 $m_j = R_j \times Z - S_w = 2 \times 4 - 1 = 7$ 根（为了绘出管状织物的横向截面图,设 $Z=4$)。

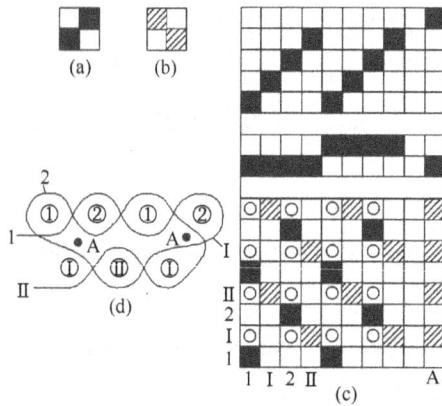

图 5-11 管状组织上机图

如图 5-12 所示是以 $\dfrac{2}{2}\nearrow$ 为基础组织的管状组织的上机图。

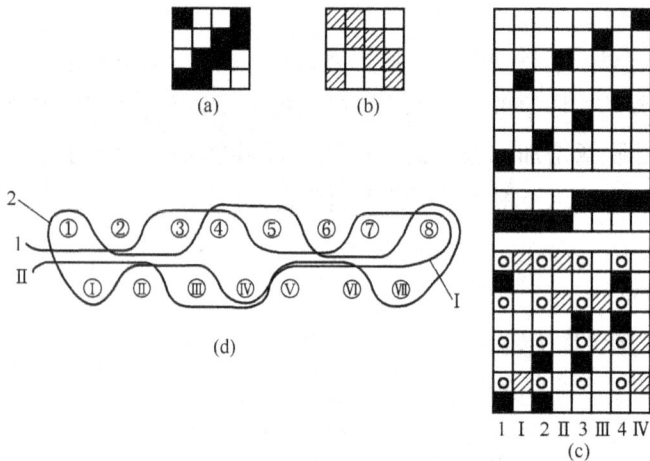

图 5-12 以斜纹组织为基础的管状组织上机图

2. 管状织物的上机及应用

(1)管状组织的穿综方法一般采用顺穿法或分区穿法。如采用分区穿法,则表经纱穿在前区,里经纱穿在后区。

(2)要求管状织物左右折幅处边缘的经纱密度保持均匀,使管状织物的折幅处平整。为此,在布身左右折幅处各穿入一根张力较大的特线(边线),特线单独穿在独立的综页内。当投入里纬时,特线在里纬之上;而投入表纬时,特线沉于表纬下面。如图 5-11(c)、图 5-11(d)中的特线 A。在管状织物形成的过程中,特线不织入织物内,而是夹在表里层之间。在织物下机时，可以将特线抽出。特线的粗细随管状织物的经纱线密度和密度的不同而改变。

如当织物的密度很大且纱线的线密度较高，经纱张力很大以及对布的折幅处平整要求较高，而布幅却较狭，并且使用特线不能达到要求时，可以用"内撑幅器"来替代特线。"内撑幅器"为一舌状的铁片，其截面与管状织物的内幅相符合，活装在筘上能作上下滑动。上机时，内撑幅器在表经和里经之间，而在打纬时则能插入管状织物内，以使边缘平整。

管状组织可用以织制水龙带、造纸毛毯、圆筒形的过滤布和无缝袋子及人造血管的管坯等织物。

（三）双幅组织

在窄幅织机上生产幅宽高一倍或多倍的织物，必须以双幅织或多幅织组织来织造。织制双幅织物时，使上下两层织物仅在一侧进行连接，当织物自织机上取下展开时，便获得比上机幅度大一倍或几倍的阀幅织物。这类组织在毛织物中应用较多，如造纸毛毯等。

1. 双幅织织物组织设计的要点

（1）双幅织织物基础组织的选择，主要根据织物的用途和工厂设备情况而定，一般以简单组织如平纹、斜纹、缎纹及方平等组织应用较多。

（2）双幅织织物表里经纱排列比可采用 1:1 或 2:2，其中以 1:1 较好。其表里纬纱排列比必须是 2:2。

（3）双幅织织物组织循环经纱数与组织循环纬纱数，取决于织物的层数、基础组织的组织循环纱线数及基础组织的复杂程度（不仅采用简单组织，也有采用经二重、纬二重、双层组织等）。

（4）双幅织织物组织图的描绘方法，除了纬纱的投入次序与双层组织的不同之外，其余均与双层织物相同。如图 5 - 13（a）、（b）所示表里基础组织为平纹组织。图 5 - 13（c）为组织图与穿综图，图 5 - 13（d）为横截面图。

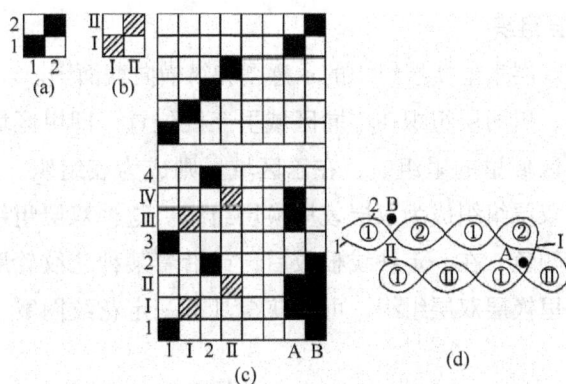

图 5 - 13　双幅织物组织图、穿综图和经向截面图

图中的 A 与 B 是织双幅织物的特有经线。A 为特线，它比布身的经纱粗，用以改善折幅

处的织物外观，不与纬纱交织。B 为缝线，用以将织机上下两层织物缝在一起，使织物在织机上平整，下机后缝线需拆掉，不妨碍布幅的展开。

图 5-14 为某双幅织织物。表里经纱排列比为 1:1，上机时左侧连接，右侧有布边，第一纬自右向左投入；表里纬纱的投纬次序为里 1、表 2、里 1，图 5-14（a）为织物组织图，图 5-14（b）为穿综、穿筘图。为了防止上下层连接处（即折幅处）幅度收缩后经纱过密，采用在织物连接处减少每筘齿内的经纱穿入数并采用线密度较高的特线，空一个筘齿。

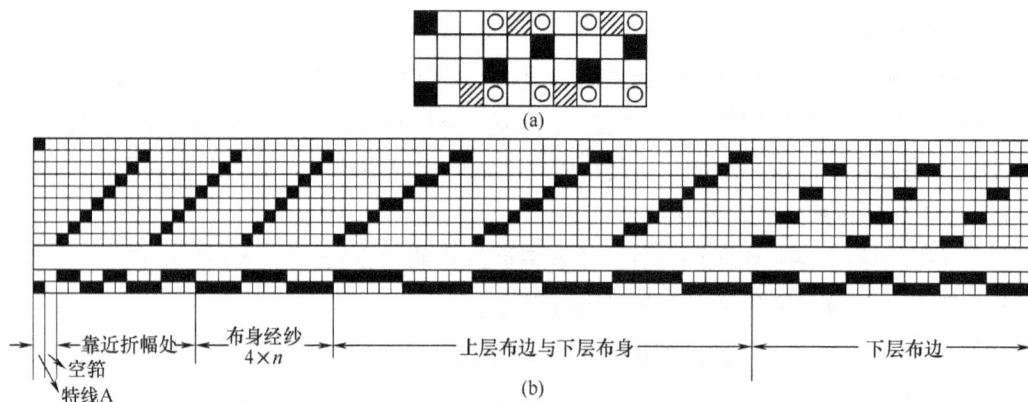

图 5-14 某双幅织织物的组织图、穿综图

2. 双幅织织物的上机要点

（1）双幅织织物上下两层所用的纱线原料、线密度、织物组织等均应相同，因此可以应用单只织轴进行织造。

（2）双幅织织物织造时，采用一只梭子或多只梭子均可。

（3）穿综可以采用分区穿法或顺穿法，采用分区穿法的经纱张力较为均匀。

（四）双层表里换层组织

如图 5-15 所示是双层表里换层组织的示意图和纵横向截面图。

将双层组织中的表、里两层组织在不同区域里互换位置，即甲区域里的表组织在乙区域里就变为里组织；而甲区域里的里组织，在乙区域里则成为表组织。这种在不同区域里表、里两层组织互换位置的双层组织成为双层表里换层组织。这种双层组织，通常是表里经纱与表里纬纱分别采用不同颜色，在一定纱线根数后，或沿着某种花纹轮廓线，调换表里两层纱线的位置而成。采用表里换层双层组织，可以获得具有一定花纹图案，且正反两面互为表里的双层织物。

1. 表里换层组织的设计要点与组织图绘作

（1）根据外观要求设计纹样图。

（2）选定表里基础组织，常用简单组织，如平纹、$\frac{2}{2}$斜纹、$\frac{2}{2}$方平等作为基础组织。

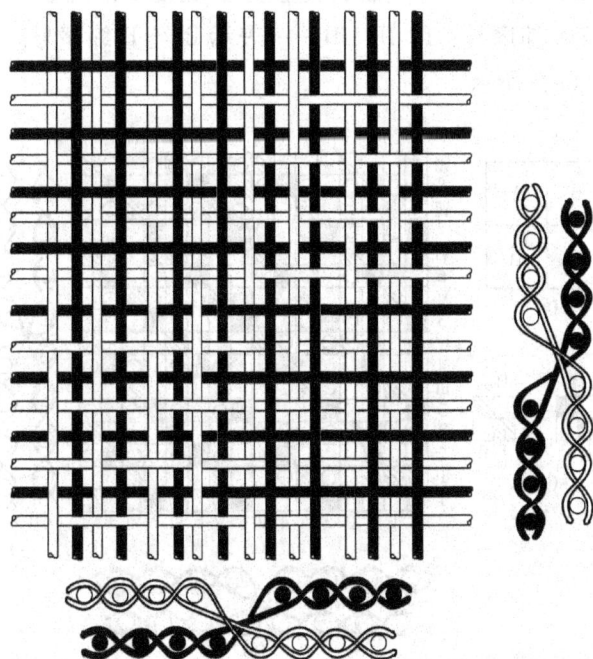

图 5 – 15 表里换层织物结构示意图

（3）确定表里经与表里纬的排列比，在表里换层双层组织中，表里两层的经纬纱（通常是两种不同颜色的纱线）是相互交换的，为了避免混淆，常将表、里纬的排列比称作色经排列比，如甲经:乙经；表、里纬的排列比则称作色纬排列比，如甲纬:乙纬。色经排列比，常用的有 1∶1、2∶1、2∶2 等，色纬排列比，常用的有 1∶1、2∶1、2∶2、2∶4 等。

（4）确定一个花纹循环的大小，一个花纹循环的经纬纱数应等于作为该表里换层组织基础的双层组织组织循环纱线数的整数倍。

（5）填绘组织图。填绘要点如下。

①在花纹循环范围内按纹样划分区域。

②在各区域里，在用作该区表层的色经、色纬相交处填绘该区表组织；在用作该区里层的色经、色纬相交处填绘该区里组织；在各区的表经与里纬相交处，填绘特殊提综符。

（6）经、纬向截面图检查表、里换层是否正确。

例 1 作一以平纹组织为基础的方块纹样的表、里换层双层组织。

方块纹样图如图 5 – 16（a）所示。两个 A 区显 A 色，两个 B 区显 B 色。经、纬色纱均用 A、B 两色，色经与色纬排列比均为 1A∶1B。表、里基础组织均用平纹组织，如图 5 – 16（b）中的 A 经 A 纬组织与 B 经 B 纬组织。前者显 A 色，后者显 B 色。一个花纹循环的经、纬纱数均为 16 根（等于该织物双层组织组织循环纱线数 4 的整数倍），纹样每一区域为 8 根。绘图时，在两个 A 区里，以 A 经 A 纬作表组织，以 B 经 B 纬做里组织。在两个 B 区里，以 B 经 B 纬作表组织，以 A 经 A 纬做里组织。区分表层组织和里层组织，关键在于特殊提综符的填绘。所以，在两个 A 区里，应在 A 经 B 纬相交处填入特殊提综符，在两个 B 区里，应在 B

经 A 纬相交处填入特殊提综符。绘作完成的表里换层双层组织图如图 5 – 16（c）所示。图中 1、2、3……表示 A 经 A 纬序号；I、II、III……表示 B 经 B 纬序号。经、纬向截面图如图 5 – 16（d）和图 5 – 16（e）所示。

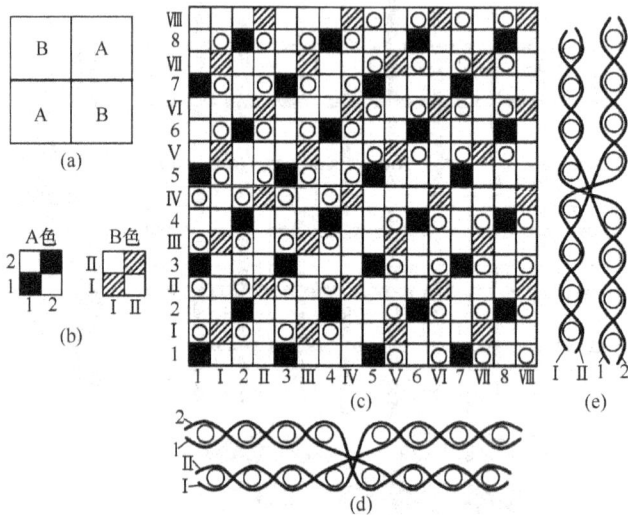

图 5 – 16　表里换层组织

　　例 2　某表、里换层双层组织的纹样与组织结构如图 5 – 17 所示，各部分所呈现的颜色如纹样图 5 – 17（a）所示。其色经排列为灰 16，然后灰 2，白 2 相间配置，重复 3 次；色纬排列为灰 16，然后灰 2，白 2 相间配置，重复 2 次。

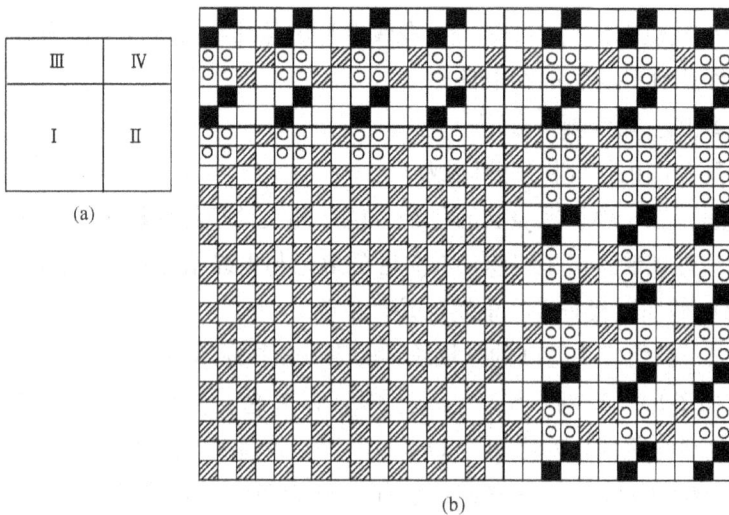

图 5 – 17　表里换层组织

　　第 I 部分：灰经灰纬交织成平纹布。

　　第 II 部分：白经灰纬做表经表纬，织物正面显白灰色；灰经灰纬做里经里纬，织物反面显灰色。

第Ⅲ部分：灰经白纬做表经表纬，织物正面显灰白色；灰经灰纬做里经里纬，织物反面显灰色。

第Ⅳ部分：白经白纬做表经表纬，织物正面显白色；灰经灰纬做里经里纬，织物反面显灰色。

根据各部分色经、色纬的配置及织物正反面显色要求绘制的组织图如图 5-17（b）所示。

2. 表里换层组织的上机与应用

织制表、里换层双层织物时，可采用顺穿法或分区法穿综。综片数由表、里层基础组织和花纹布置决定。如采用分区法穿综，各部分的表、里经纱分别穿入该部分所用综框的前区和后区综片内。纹板数等于一个花纹循环中的纬纱数。每组表里经纱应穿入同一筘齿中。

表里换层双层组织在棉型织物中主要用于装饰织物，如沙发布等；在毛织物中也有应用，如精纺牙签条花呢、提花女士呢、粗纺花式大衣呢等；在提花丝织物中也有广泛应用。

牙签条花呢是一种高级中厚型精纺单面花呢，其组织图与横向界面图分别如图 5-18（a）、（b）所示。其经纬纱均采用两种不同捻向的纱，经纱1、2与纬纱Ⅰ、Ⅱ捻向相同，均为 Z×S，称作 A 纱；经纱Ⅰ、Ⅱ与纬纱1、2捻向相同，均为 S×Z，称作 B 纱。

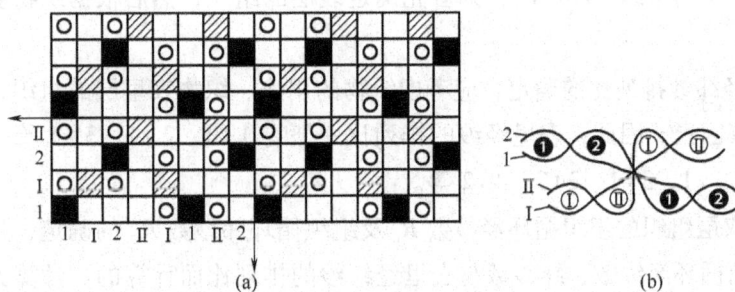

图 5-18 牙签条花呢的组织图

经纱排列为 1A、1B、1A、1B、1B、1A、1B、1A，纬纱排列为 1B、1A、1B、1A。A、B 纱表、里交换后，就在织物表面呈现隐条效应。

牙签条花呢为毛精纺高档产品，原料好、纱线细、经密大，呢面呈凹凸条纹、有立体感，织物手感丰满、滑糯、弹性好，呢面细洁，花型配色雅致，色泽柔和自然。

（五）接结双层组织

双层组织的表里两层紧密地连接在一起的织物称作接结双层织物，其组织称作接结双层组织。这种组织在毛、棉织物中应用较广，一般常用于织制厚呢或厚重的精梳毛织物、家具织物及鞋面布等。

1. 接结双层组织表里两层的接结方法

（1）在织表层时，里经提起与表纬交织，构成接结，称作"下接上法"或"里经接结法"。

（2）在织里层时，表经下降与里纬交织，构成接结，称作"上接下法"或"表经接结法"。

（3）在织表层时，里经提起与表纬交织，同时在织里层时表经下降与里纬交织共同构成织物的接结。这种接结方法称作"联合接结法"。

（4）在表经纱和里经纱之间，另用一种经纱与表里纬纱上下交织，把两层织物连接起来，这种接结方法称作"接结经接结法"。

（5）在表纬纱和里纬纱之间，另用一种纬纱与表里经纱上下交织，把两层织物连接起来，这种接结方法称作"接结纬接结法"。

上述五种接结方法中，"下接上接结法"和"上接下接结法"，由于用里经或表经自身接结，表层和里层接结，因此，经纱屈曲较大，张力大，两种经纱缩率不同，容易影响织物外观，甚至使织物不平整。在表里层颜色不同时，若接结不妥会产生漏底现象。目前生产以采用"下接上接结法"为多。

当采用"接结经接结法"或"接结纬接结法"时，用纱量增加，并且"接结经"法的接结经来往于两层之间，张力较大，织造时常用两只织轴，所以较少采用。

2. 设计接结双层组织应注意的问题

（1）接结双层组织的表里基础组织的选择可相同，也可不同。大多采用原组织或变化组织。当表层和里层的组织不相同时，则首先确定表层的组织，然后根据织物要求再确定里层的组织。

（2）表里经纬纱排列比的确定，应考虑织物的用途、织物表里层的组织、纱线线密度和经纬纱的密度等因素。因此，表里经纱的排列比一般有 1:1、2:1、3:1 等。而表里纬纱的排列比有 1:1、2:1、3:1、2:2、4:2 等。

（3）接结双层组织的组织循环经纱数 R_j 及组织循环纬纱数 R_w 的确定，是根据表里两层基础组织的组织循环经纱数、纬纱数与表里经纬纱的排列比而计算的。计算方法可参照求经纬二重织物的组织循环纱线数的计算方法（此法不适用接结经双层组织及接结纬双层组织，因为接结经双层组织的 R_j 还需加上接结经数值，接结纬双层组织的 R_w 还需加上接结纬数值）。

（4）接结双层组织除表里组织外，还需确定接结点组织。选择接结点组织时，要求表里两层结合牢固，且接结点不能露于织物表面，因而必须做到接结点分布均匀。接结点分布的部位，对织物正面而言，如接结点是经组织点，则应位于表经长浮线之间；如是纬组织点，则应在表纬长浮线之间。接结点分布的方向，如表组织为斜纹一类有方向性的组织，接结点分布方向应与表组织的斜纹方向一致。

（5）接结双层组织的上机。穿综可采用顺穿法或分区穿法。穿筘时每一筘齿的穿入数应根据织物的性质而不同，一般每筘齿的穿入数为 2~10 根。

当织物表里经纱的原料、线密度、组织、密度均相同时，可以采用一只织轴，但当两种经纱后用的线密度或组织等不同时，则必须使用两只织轴。同理，在表里纬纱的原料、线密度、颜色不同时，就必须采用多梭箱织机。

3. "下接上法"接结双层组织

现以双层交织鞋面布说明"下接上法"接结双层组织的组织图的描绘方法。

双层交织鞋面布以$\frac{2}{2}$方平为表组织，$\frac{2}{2}$斜纹为里组织，表里经纱排列比为1∶1，投纬次序为1里、2表、1里。

根据表里基础组织及表、里经纬纱的排列比，求得双层组织的组织循环经纬纱数$R_j = R_w = 4 \times 2 = 8$。

在八经八纬的范围内，分别标出经纬序数，以1、2、3、4…表示表经、表纬，以Ⅰ、Ⅱ、Ⅲ、Ⅳ…表示里经、里纬，如图5-19所示。

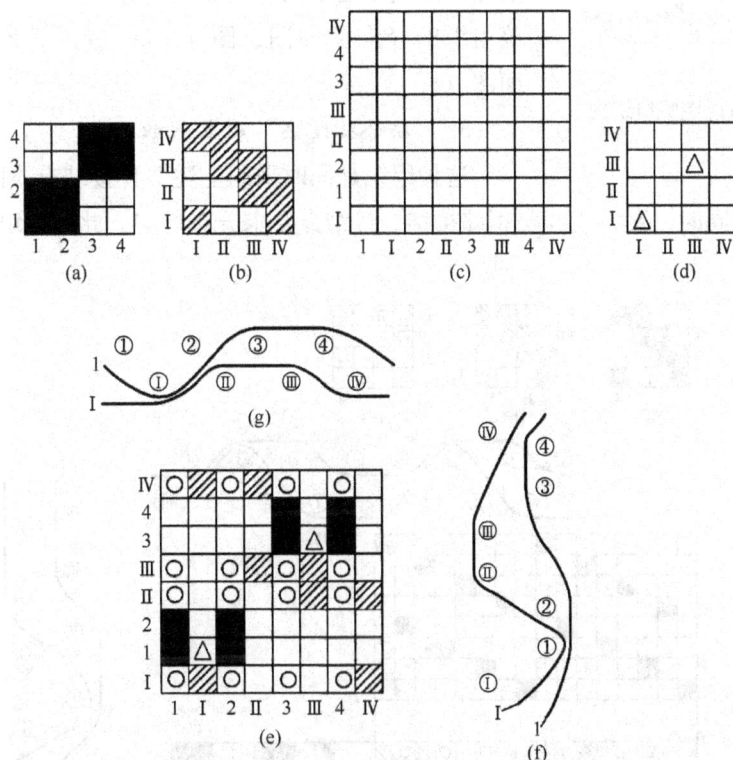

图5-19 双层交织鞋面布

表经、表纬交织处填绘表组织以符号■表示，里经、里纬交织处填绘里组织以符号▨表示，并且绘出投入里纬时，所有表经纱都要提起，形成双层组织，如图5-19（e）中符号◯所示。

再按图5-19（d）中符号△所示投入表纬时里经提起，即表纬与里经交织，把两层织物连接起来，所绘得的组织图为图5-19（e）。图5-19（f）和图5-19（g）为其经纬向截面图。

图5-20所示为双层毛呢的组织图。图5-20（a）为表层的基础组织$\frac{2}{1}$↗，图5-20

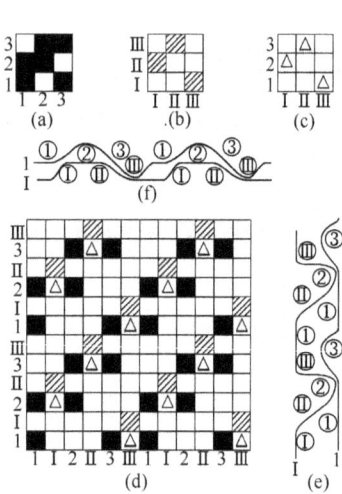

图 5-20 双层毛呢组织图

（b）为里层的基础组织$\frac{1}{2}\nearrow$，图 5-20（c）为接结组织采用"下接上法"，图 5-20（d）为组织图，图 5-20（e）为该组织的经向截面图，图 5-20（f）为该组织的纬向截面图。

4. "上接下法" 接结双层组织

如图 5-21（a）所示为表组织，图 5-21（b）为里组织，图 5-21（c）为接结组织，图 5-21（d）为上机图，图中符号□表示投入里纬时表经不提起，即表示表经的取消点，故纹板图中没有填绘此种组织点。图 5-21（e）为该组织的经向截面图，图 5-21（f）为该组织的纬向截面图。

5. "联合接结法" 双层组织

这种组织是同时采用上述两种接结方式而构成，即将里经与表纬接结的同时，又将表经与里纬接结，接结点要求分布均匀。此种组织目前应用不多，

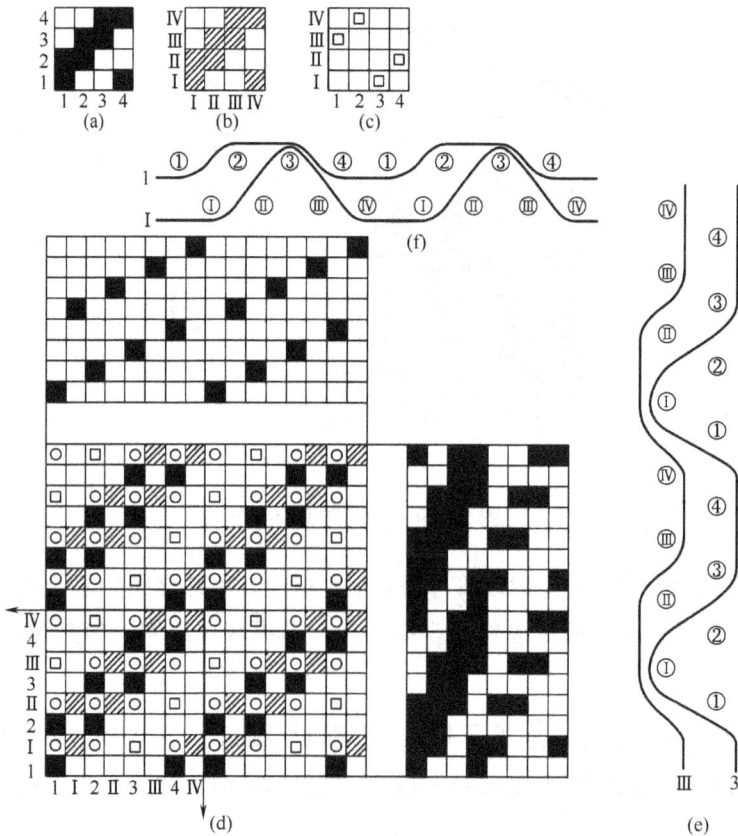

图 5-21 "上接下法" 接结双层组织

故不赘述。

"接结经法"与"接结纬法"双层组织，仅应用在当表里层纱线颜色不同，且色差很大，或织物的里层用线密度高的纱线时，如采用前述的接结方法，织物表面的外观将受到损害，所以特设一种经纱或纬纱对织物进行接结。

通常在应用中采用三个系统的经纱和三个系统的纬纱构成三层接结组织，各自独立系统的经纬纱交织形成织物的表层、中层和里层，在实际应用中，往往把三层组织接结在一起，由于与接结双层组织的构图方法相类似，所以在这里不再赘述。与三层接结组织一样，可以由四个系统的经纱与四个系统的纬纱交织，彼此接结在一起构成形式更加复杂的四层组织。

三、纬起毛组织及其织物

利用特殊的织物组织和整理加工，使部分纬纱被切断而在织物表面形成毛绒的织物称作纬起毛织物。这类织物一般是由一个系统经纱和两个系统纬纱构成的，两个系统的纬纱在织物中具有不同的作用。其中一个系统的纬纱与经纱交织形成固结毛绒和决定织物坚牢度的地布，这种纬纱称作地纬；另一个系统的纬纱也与经纱交织，但以其纬浮长线被覆于织物的表面，而在割绒（或称开毛）工序中，其纬纱的浮长部分被割开，然后经过一定的整理加工后形成毛绒，这种纬纱称作毛纬（亦称绒纬）。

绒纬起毛方法有两种。

（1）开毛法。利用割绒机将绒坯上绒纬的浮长线割断，然后使绒纬的捻度退尽，使纤维在织物表面形成耸立的毛绒。灯芯绒、纬平绒织物都是利用开毛法形成毛绒的。

（2）拉绒法。将绒坯覆于回转的拉毛滚筒上，使绒坯与拉毛滚筒做相对运动，而将绒纬中的纤维逐渐拉出，直至绒纬被拉断为止。拷花呢织物的起绒方法则是利用拉绒法来起毛的。

纬起毛织物根据其外形，常见的有灯芯绒、花式灯芯绒（提花灯芯绒）、纬平绒和拷花呢等。

（一）灯芯绒织物

灯芯绒（又称条子绒）。具有手感柔软、绒条圆润、纹路清晰、绒毛丰满的特点。由于穿着时大都是绒毛部分与外界接触，地组织很少磨损，所以其坚牢度比一般棉织物要高。这种织物由于其固有的特点、色泽和花型的配合，外表美观大方，成为男女老少在春、秋、冬三季均适用的大众化棉织物，可用作成衣、帽、鞋等的面料，用途广泛。

1. 灯芯绒织物的构成原理

如图 5 - 22 所示为灯芯绒的结构图。地纬 1、地纬 2 与经纱以平纹组织交织成地布，在一根地纬织入后织两根毛纬 a、b，毛纬的浮长如图所示为五个纬组织点，毛纬与 5、6 两根经纱（称压绒经或绒经）交织，毛纬与绒经的交织处

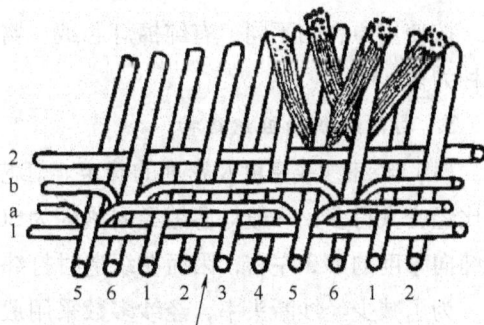

图 5 - 22　灯芯绒织物的结构图

称作绒根。

割绒时，由 2、3 经纱之间进刀把纬纱割断，经刷绒整理后，绒毛耸立，成条状排列在织物表面。

如图 5 – 23 所示为灯芯绒割绒的原理示意图，图中的圆刀按箭头方向旋转，未割坯布按箭头方向向前运行，导针插入坯布长纬浮线之下，并间歇向前运动。

这时导针有两个作用：一是把长纬浮长线扣紧，形成割绒刀槽；二是使刀处于刀槽中间。

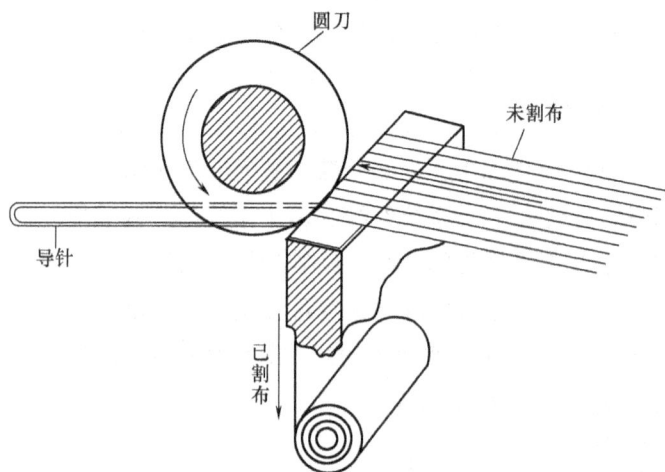

图 5 – 23　灯芯绒割绒原理图

2. 灯芯绒织物的分类

按织物外观所形成的绒条阔窄不同，可分为细、中、粗、阔及粗细混合、间隔条等类别。每 25m 中有 9 ~ 11 条绒条的为中条，11 条以上的为细条，20 条以上的为特细条，6 ~ 8 条的为粗条，6 条以下的为阔条。间隔条灯芯绒指粗细不同的条型合并或部分绒条不割、偏割以形成粗细间隔的绒条。

按使用经纬纱线的不同，可分为全纱灯芯绒、半线（线经纱纬）灯芯绒。

按提综形式的不同，可分为提花灯芯绒和一般灯芯绒。

按加工方法的不同，可分为印花灯芯绒和染色灯芯绒两类。

按使用原料的不同，有纯棉灯芯绒、富纤灯芯绒、涤棉灯芯绒及维棉灯芯绒等，以纯棉品种为多。

3. 灯芯绒织物组织结构

（1）经纬纱线密度及密度的确定。灯芯绒织物一般采用线密度适中的纱线翻织，由于纬密比经密大得多，一般灯芯绒经向紧度为 50% ~ 60%，纬向紧度为 140% ~ 180%，经向紧度为纬向紧度的 1/3 左右，因而在织造时打纬阻力很大。经纱所承受的张力与摩擦程度都很大。

为了减少经纱断头率，经纱多数采用股线或捻系数较大、强力较好的单纱。纬纱线密度与织物密度有关，如纬纱线密度小时，纬密相应增加，织物毛绒稠密，固结较牢。灯芯绒织物的经纬密度必须配合恰当，否则影响毛绒稠密及绒毛固结坚牢程度。如在组织相同的条件下，经密增加，则毛绒短而固结坚牢、织物手感厚实；反之经密减少，则毛绒长而松散、坚牢度差、织物手感较软。

目前，工厂中生产的灯芯绒织物，其经纬紧度的配合见表5-1。

表5-1　企业生产灯芯绒织物的经纬紧度配合

品种	平纹地	斜纹地	平纹变化	$\frac{2}{2}$↗地	纱灯芯绒
经向紧度（%）	47.17	44.77	61.9	47.09	47.17
纬向紧度（%）	144.6	185.78	144.6	234.36	158.88

（2）灯芯绒地组织的选择。地组织的主要作用是固结毛绒及承受外力，常用的地组织有平纹、$\frac{2}{1}$斜纹、$\frac{2}{2}$斜纹、$\frac{2}{2}$纬重平、$\frac{2}{2}$经重平及平纹变化（双经保护）组织等。

不同地组织对织物手感、纬密大小、毛绒固结程度和割绒工作影响较大。

地组织不同，绒根露出部位也不同，对毛绒固结程度有显著影响。平纹地、V形固结的灯芯绒组织如图5-24（a）所示。绒条抱合紧密，绒条外观圆润，底板平整；正面耐磨情况好，交织点多，纬纱密度受限制，手感较硬；但绒根在背部突出，经受外力摩擦后，绒束移动，容易脱毛。

$\frac{2}{1}$斜纹地V形固结的灯芯绒组织，如图5-24（b）所示。一个组织循环中有四根地经，两根绒经，绒经背部有地纬纬纱浮长，对绒根有保护作用，可以减少绒束的背部摩擦，改善脱毛，但正面耐磨情况较差。底板不如平纹平整，割绒不如平纹方便。可是纬纱易打紧，成品手感柔软，常用于织制比较厚实、柔软、毛绒紧密的织物。

平稳变化地灯芯绒地组织为平纹变化V形固结的灯芯绒组织，如图5-24（c）所示，一个组织循环中六根地经，两根绒经，绒根在7、8两根压绒经上，背部有地纬纬浮长保护，两旁分别受6、1两根地经保护，压紧绒纬改善了背部脱毛，且经纱紧度大，正面脱毛也得到改善，割绒进刀部位仍是平纹，不妨碍割绒。其他部分仍保持平纹组织的特点。

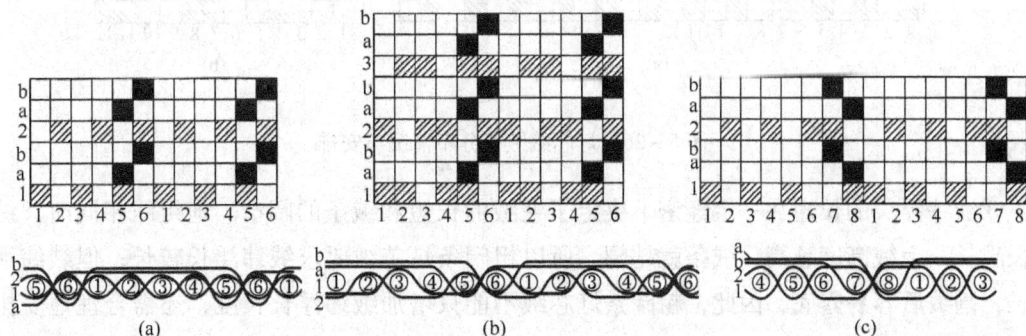

图5-24　灯芯绒不同地组织的比较

（3）绒纬组织的选定。选定绒纬组织需考虑三个方面，即绒根的固结方式、绒纬浮长的长短及绒根分布的情况。

①绒根固结方式是指绒纬与绒经的交织规律。其固结方式有 W 形和 W 形两种。

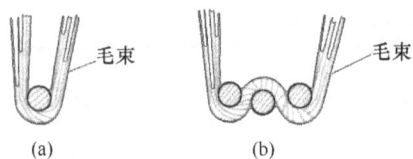

图 5-25 绒纬的固结方式

V 形固结法也称松毛固结法，即绒纬除浮长外，仅与一根压绒经交织。如图 5-25（a）所示。每一绒束的绒根在一根压绒经上，呈 V 形，所以称作 V 形固结法。采用 V 形固结，绒纬与压绒经交织点少，纬纱容易打紧，有可能提高织物纬密；绒纬割断后，绒面抱合效果好，绒面没有沟痕，但受到强烈摩擦后容易脱毛，所以适用于绒毛较短、纬密较大的中条、细条灯芯绒。

W 形固结法也称紧毛固结法，绒纬除浮长外，与三根或三根以上的压绒经交织。如图 5-25（b）所示，每一绒束的绒根植在三根经纱上成 W 形固结，所以称作 W 形固结法。采用 W 形固结，绒纬与压绒经的交织点多，纬纱不易打紧，织物纬密受限制。毛绒抱合度差，而且综页提升次数多，生产较困难，但毛绒固结牢度好，常用于织制要求绒纬固结牢固但对绒毛密度要求不高的细条灯芯绒。对阔条灯芯绒则多采用 W 形与 V 形固结混合使用，取长补短，利于改善毛绒抱合度及减少脱毛现象。

②绒根分布情况与安排。绒根散开分布如图 5-26（a）所示，这种布置方法比较适用于阔灯芯绒。每束绒毛长短差异小，绒根分布比较均匀，整个绒条平坦。

绒根分布中间多，两边少，如图 5-26（b）所示，各束绒毛长短参差不一，形成绒条的绒毛中间高、两侧矮。

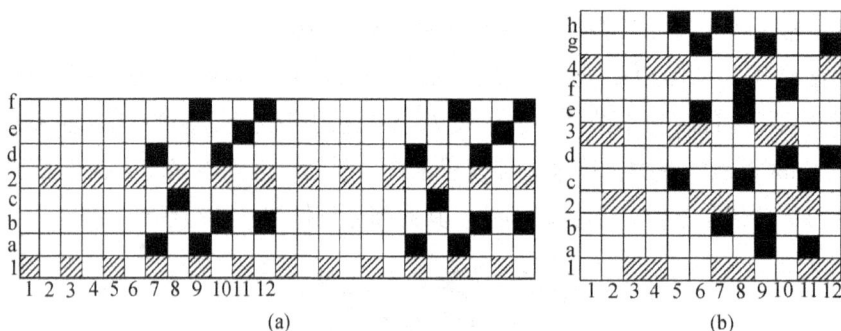

图 5-26 灯芯绒绒根分布情况与安排

③绒纬浮长的长短在一定经密下决定了毛绒的长短和绒条的阔窄。地组织相同时，绒纬浮长越长，毛绒高度越高，绒条就越阔，所以粗阔条灯芯绒要求绒纬浮长较长；但绒纬浮长过长，割绒后容易露底，因此，粗阔条灯芯绒不能只增加绒纬浮长长度，还需合理地安排绒根分布的位置。

毛绒的高度可按以下公式进行计算：

$$h = \frac{c}{2 \times \dfrac{P_{\mathrm{j}}}{10}} \times 10 = \frac{50c}{P_{\mathrm{j}}}$$

式中：h——毛绒高度，mm；

　　P_{j}——经纱密度，根/10cm；

　　c——绒纬浮长所越过的经纱数。

④地纬与绒纬的排列比的选择。地纬与绒纬的排列比可根据灯芯绒的外观要求及织物的坚牢度来定。地纬与绒纬的排列比一般有1:2、1:3、1:4、1:5，其中以1:2、1:3为多数，最好不要超过1:5。因为排列比过大，用纱量就会增加并影响织物的内在品质。在织物线密度、密度、组织相同的条件下，地纬与绒纬的比值大，则毛绒密度大，织物柔软性好，保暖性及绒毛外观质量均能得到改善，但纬向强力低，毛绒固结差。

（二）花式灯芯绒

花式灯芯绒的织制除组织有所不同外，其他都参照一般的灯芯绒。花式灯芯绒多数在多臂机上进行织制，大花纹灯芯绒则在提花机上织造。

设计花式灯芯绒可以从下述几方面进行考虑。

（1）织物表面一部分起绒，一部分不起绒。地布和绒条相互配合，形成各种几何图形花纹。

设计时，先确定花型布局、绒条宽窄、起绒和不起绒部位的大小。然后根据经纬纱密度的比值，确定一个组织循环内纵向绒条数和纬纱数，再分别填绘组织图。但要注意不论起绒或不起绒部位，纵横向都必须是灯芯绒基本组织的整数倍，以保持绒条的完整。不起绒部位的组织处理方式有以下两种。

①不起绒部分在原灯芯绒浮长部位以经重平组织点填绘。经重平组织有三根纬纱的组织点相同，使纬纱能打紧。由于绒纬与地经交织点增加，割绒时导针越过这部分，未穿入布内，所以绒纬不被割断，这一部分不起绒毛，称作经重平法。如图5-27（a）所示，图中右下角经重平部分不起绒。

设计这种花式灯芯绒时，还应注意提花部位不宜过长，根据经验一般纵向不起花部分不超过7mm，过长会引起跳刀、戳洞等弊病。不起绒与起绒部位的比例一般是1:2，以起绒为主，否则不能体现灯芯绒组织的特点，而且不起绒部位加长后，因绒纬与地经的交织点多，

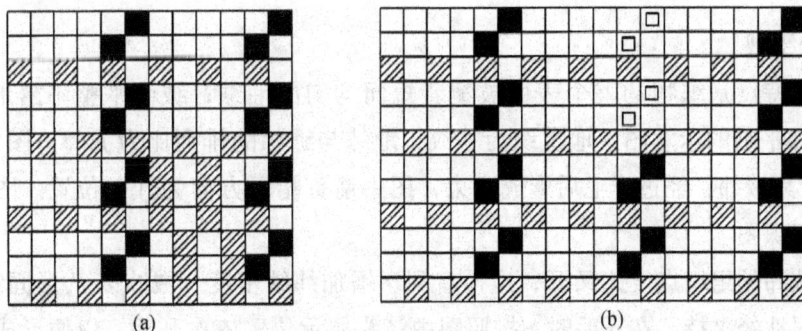

(a)　　　　　　　(b)

图5-27　花式灯芯绒组织图

织物紧密，易造成织造困难。

②飞毛提花法。如图5-27（b）所示，可对不起绒部位的组织点进行如下处理：在原灯芯绒组织的基础上，取消一部分绒根（图中□符号表示取消的绒根），使绒纬浮长穿过绒经跨两个组织循环，在割绒时，两导针中间的一段绒纬即被两端剪断，由吸绒装置吸取，所成灯芯条除绒条部分外，提花部分地布完全显露，形成凹凸花型，立体感较强。

（2）改变绒根的布局，使绒束长短发生变化。如图5-28所示，绒根位置不在一条纵线上，绒纬浮长不一，经割绒、刷绒后，绒条有高有低如鱼鳞状。

（3）配合不同的割绒方式，以获得不同的外观效应。对于同一品种，割绒方式不同，所得效果也不同。如阔条灯芯绒采用偏割，用导针使割绒部位不在绒条正中，便可形成常见的宽窄条（间隔条）灯芯绒，间隔条宽窄比例一般控制在3：7或4：6。细条、特细条灯芯绒如图5-29所示。由于条型细，可采用两次割绒，先割单数行，再割双数行，绒毛可采用W形固结，以减少脱毛；也可采用一次割绒。

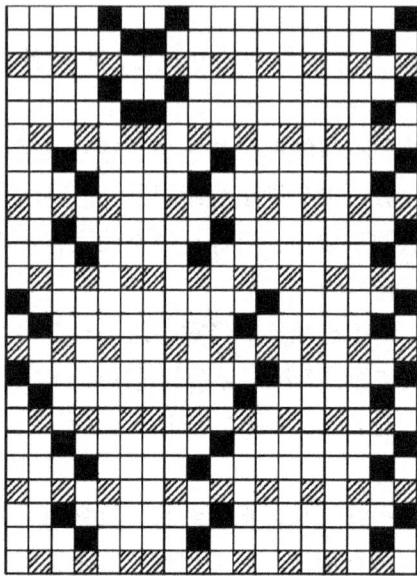

图5-28　改变绒根布局的花式灯芯绒

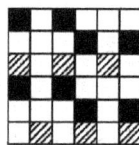

图5-29　特细条灯芯绒

（三）纬平绒

纬平绒的特点是织物的整个表面被覆着短而均匀的毛绒，绒毛平整不露地。图5-30（a）所示为纬平绒的示意图，地组织为平纹，地纬与绒纬的排列比为1：3，图中1、2为地纬，a、b、c为绒纬，经过开毛后形成毛束，图中箭头指示方向为开毛位置。图5-30（b）为纬平绒的组织图。

纬平绒绒纬的组织点彼此叉开，这样有利于增加纬纱密度。绒纬以V形固结在经纱上，各绒纬被两根地经夹持，在开毛时，按照图中箭头所示位置依次开毛，以便形成均匀紧密的平绒。

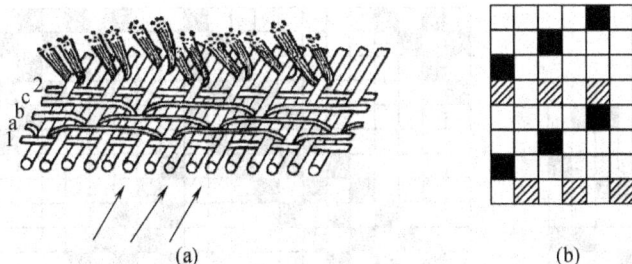

图 5 – 30　纬平绒示意图和组织图

（四）拷花呢织物

这种织物是由位于其表面上的纬浮长线，经缩呢拉绒，松解成纤维束，再经剪毛与刷绒，使纤维毛绒凸起，织物手感柔软，且具有良好的耐磨性能。拷花呢的结构设计如下。

（1）决定织物中毛绒分布的花纹轮廓，即织物的外观效应。

（2）正确选择毛纬浮长。毛纬浮长的长度应使纤维在拉绒和松解之后，其两端能被组织点牢固地夹持为原则，否则拉绒时，毛绒不牢，织物外观发秃，质量损失率增大。毛纬浮长一般为浮于 3～12 根经纱之上，最好浮于 5 根经纱之上。毛纬的浮长取决于经密、底布经纬纱的线密度、毛纬的线密度、毛绒的高度等因素。

（3）绒纬组织的确定。轻型拷花呢组织多采用按缎纹方式分配毛纬组织，织物的毛绒均匀分布在织物表面，底布完全被毛绒所覆盖。如图 5 – 31（a）所示，毛纬组织是由八枚加强纬面缎纹所构成，每根毛纬浮于 6 根经纱之上，并由两根经纱成 V 形固结。如图 5 – 31（b）所示为按 W 形所固结的毛纬组织。

织物具有斜线凸纹的拷花呢的绒纬分布如图 5 – 31（c）所示，形成人字斜线。采用斜纹分布的绒纬组织时，需使纬浮点多于或等于经浮点，否则不是毛绒覆盖不足，便是毛绒与经纱的固结点太长，遮盖不住底布。

此外，尚有以某种模纹分布绒纬组织的拷花呢，如图 5 – 31（d）所示即为其中一例。描绘绒纬组织时，先在意匠纸上绘出所设计的模纹图，然后在该图上用符号标出毛纬组织。本例以符号■标出毛纬组织。

（4）地纬与毛纬的排列比。一般地纬与毛纬的排列比有下列几种。

①单层织物。地纬与毛纬的排列比分别为 1∶1、1∶2、2∶1、2∶2。

②重组织织物。地纬与毛纬的排列比分别为 1∶2、1∶1、2∶2。

③双层布织物。表纬、里纬与毛的排列比分别为 1∶1∶1、1∶1∶2。

对地纬与毛纬排列比的选择主要取决于纱线线密度和毛绒密度。为了使毛绒丰满优美，当地纬与毛纬的排列比为 1∶1 或 2∶2 时，应选择纱线线密度较大的毛纬；为了使毛绒稠密，当选用地纬与毛纬的排列比为 1∶2 时，则毛纬线密度宜小些；为了提高织物的耐磨性，或当毛纬线密度大于地纬时，应采用 2∶1 的地纬与毛纬的排列比。

（5）拷花呢底布组织的确定。最常用的底布组织有平纹、$\frac{2}{1}$ 斜纹、4 枚破斜纹等。用于重

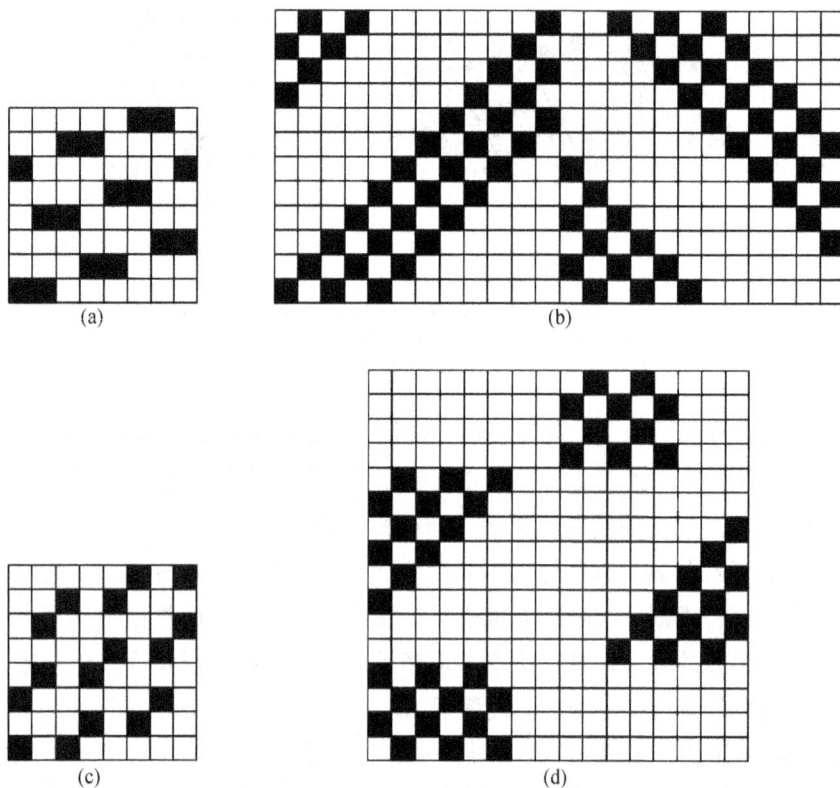

图 5-31　拷花呢绒纬组织

组织织物的基础组织有 $\frac{2}{1}$ 斜纹、$\frac{3}{1}$ 斜纹及 4 枚破斜纹等。用于双层布织物的基础组织有：表层为 $\frac{2}{1}$ 斜纹、$\frac{3}{1}$ 斜纹、平纹和 4 枚破斜纹等；里层为平纹、$\frac{2}{1}$ 斜纹、$\frac{3}{1}$ 斜纹和 $\frac{2}{2}$ 破斜纹等。

在重组织或双层布织物中，毛纬仅与表经相交织，所以毛纬也分布在表经之上。

底布组织的选择与纬纱排列比密切相关。如当地纬与毛纬的排列比为 1:2，底布为单层时，为了防止织物过分松散，底布应采用平纹组织为宜。但当地纬与毛纬的排列比为 1:1 或 2:2 时，底布仍为单层，则底布采用斜纹组织为好，因为斜纹组织的密度比平纹组织大，可保证所需的纬密。

图 5-32（e）所示为某羊绒拷花大衣呢的组织图，底布采用上接下接结双层组织，表组织为 $\frac{2}{1}$↗斜纹 [图 5-32（a）]，里组织为平纹 [图 5-32（b）]，接结组织为六枚变则缎纹 [图 5-32（c）]。毛纬组织图如图 5-32（d）所示，地纬、毛纬的排列比为 1 表:1 里:2 毛，经纱排列比为 1 表:1 里。

四、经起毛组织及其织物

织物表面由经纱形成毛绒的织物，称作经起毛织物，其相应的组织称作经起毛组织。

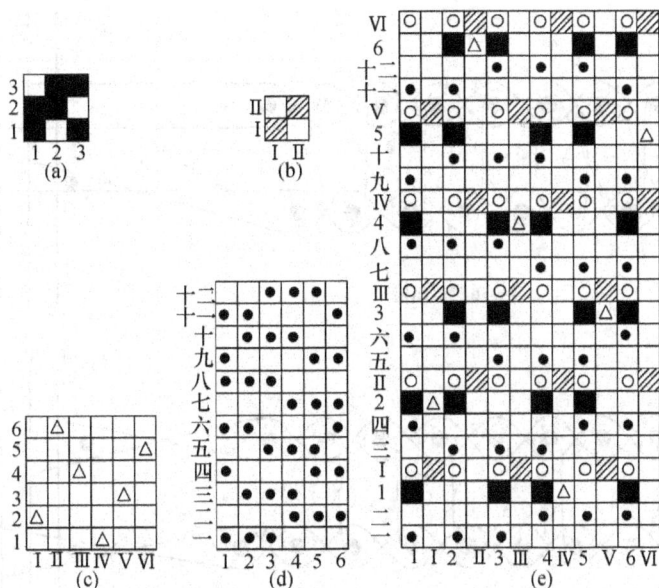

图 5-32 拷花大衣呢组织

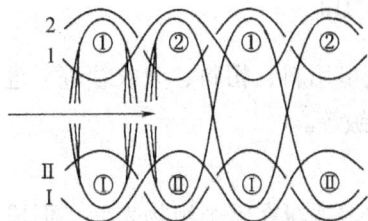

图 5-33 经起毛组织织物示意图

这种织物是由两个系统经纱（即地经与毛经），同一个系统纬纱交织而成。地经与毛经分别卷绕在两只织轴上，可用单层起毛杆或用双层织制法织成。采用双层织制法，则地经纱分成上下两部分，分别形成上下两层经纱的梭口，纬纱依次与上下层经纱的梭口进行交织，形成两层地布。两层地布间隔一定距离，毛经位于两层地布中间，与上下层纬纱同时交织。两层地布间的距离等于两层绒毛高度之和，如图 5-33 所示。织成的织物经割绒工序将连接的毛经割断，形成两层独立的经起毛织物。

根据织物表面毛绒长度和密度的不同，经起毛织物可分为平绒与长毛绒两大类。

经起毛组织的双层织造由于开口和投入纬纱的方法不同，分为单梭口织造法和双梭口织造法两种。

如图 5-34 所示，图 5-34（a）为单梭口织造，图 5-34（b）为双梭口织造。

单梭口织造法是织机的曲拐轴每回转一转形成一个梭口，投入一根纬纱。而双梭口织造法是当织机的曲拐轴回转一转能同时形成两个梭口，并同时投入两根纬纱。此类织物由于织物表面的毛绒与外界摩擦，因此耐磨性能好，且织物表面绒毛丰满平整，光泽柔和，手感柔软，弹性好，织物不易起皱，织物本身较厚实，而且耸立的绒毛形成空气层，保暖性也好。

平绒织物适宜制作妇女、儿童秋冬季服装以及鞋、帽料等。此外，还可用作幕布、交通工具坐垫、精美贵重仪表和装饰品的盒里等装饰与工业用织物。

(a) 单梭口织造

(b) 双梭口织造

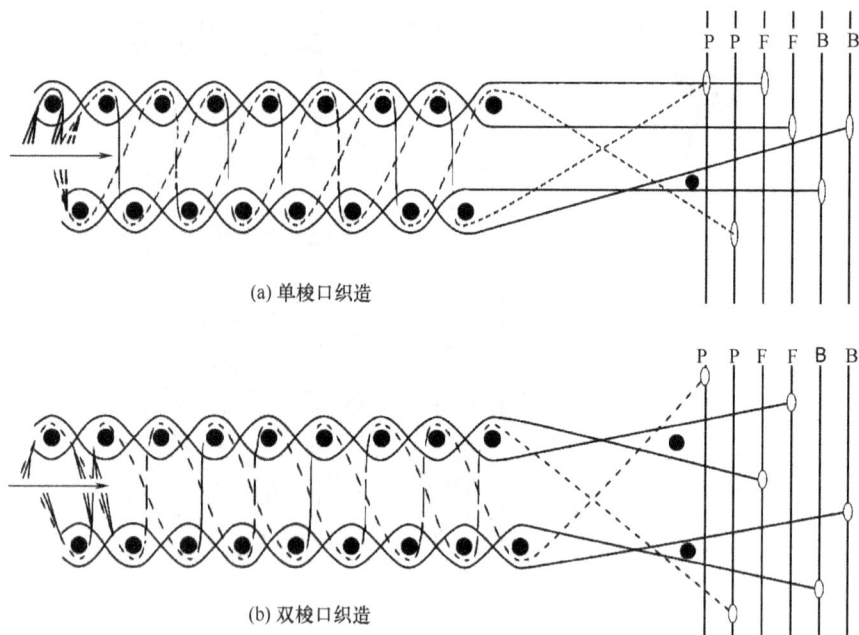

图 5-34 经起毛单、双梭口织造示意图

长毛绒织物适于制作男女服装。多数为女装和童装的表里用料、帽料、大衣领等。近年来还发展用于沙发绒、地毯绒、皮辊绒及汽车和航空工业用绒等。

（一）经平绒织物

经平绒织物的特点在于该织物具有平齐耸立的绒毛且均匀被覆在整个织物表面，形成平整的绒面。绒毛的长度约 2mm。

目前，经平绒织物大多采用平纹组织作为地组织，能使织物质地坚牢，绒毛分布均匀且能改善绒毛的丰满程度。

绒经的固结方式以 V 形固结法为主，因为这种固结方式可以获得最大的绒毛密度，使绒面丰满。

地经与绒经的排列比一般有 2∶1 和 1∶1 两种。

如图 5-35 所示为某经平绒组织单梭口织造法的上机图。这种平绒织物上下两层地布均为平纹组织。地经与绒经的排列比为 2∶1，纬纱表里排列比为 2∶2。图 5-35 中：a、b 为绒经；1、2 为上层经、纬纱，符号■表示上层织物经组织点；I、Ⅱ为下层经、纬纱，符号▨表示下层织物经组织点；符号▢表示投入里纬时，上层经纱提起；符号▧表示绒经组织点。

穿综采用分区穿法。绒经因张力小，所以穿在第一区（前区），上层地经穿在后区，下层地经穿在中区。

穿筘时，必须注意绒经与地经在筘齿中的排列位置。因绒经的张力小，地经的张力大，

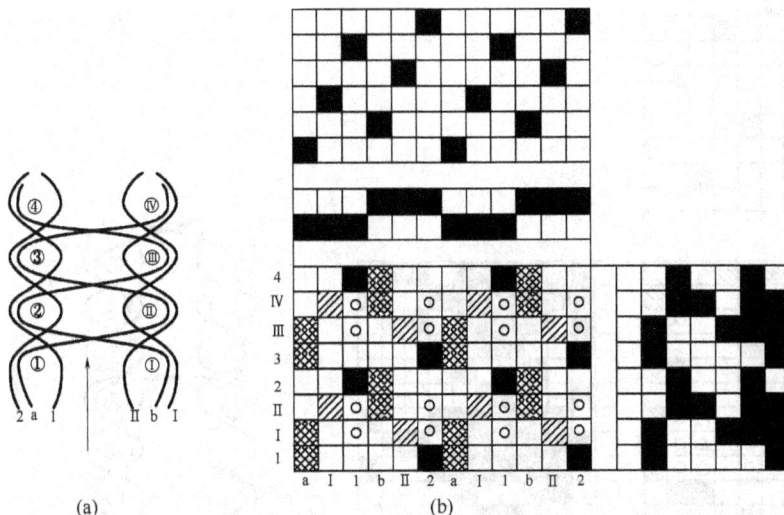

图 5 - 35　经平绒织物上机图

假如绒经在筘齿中被夹在地经中间，那么绒经很容易被地经夹住，从而影响正常的开口运动，造成绒面不良，所以绒经在筘齿中的位置以靠筘齿边部为宜。

（二）长毛绒织物

长毛绒织物在毛织产品中属于精纺产品，因为其工艺流程中的毛条制造与纺纱均同精纺。

一般来说，普通长毛绒织物的地布均用棉经、棉纬，而毛绒采用羊毛。近年来，由于化学纤维原料发展很快，所以毛绒使用的纤维不仅是羊毛、马海毛，而且还使用化学纤维原料如腈纶、粘胶纤维、氯纶等。尤其是氯纶因具有热缩性能，所以成为制造人造毛皮的常用原料。

1. 长毛绒织物的组织结构

（1）地布组织。长毛绒织物是两层织制法，其上下两层地布一般可采用平纹、$\frac{2}{2}$纬重平及$\frac{2}{1}$变化纬重平等。

（2）毛经固结组织应根据产品的使用性能和设计要求来确定。如要求质地厚实、绒面丰满、立毛挺、弹性好的织物，多数采用四梭固结组织。如要求质地松软轻薄，则可采用组织点较多的固结组织。若要求绒毛较短且密、弹性好、耐压耐磨时，多采用两梭、三梭固结组织。毛绒高度随产品的要求而定，一般立毛织物的毛绒高度为 7. 5 ~ 10mm。

（3）地经与毛经的排列比一般多采用 2∶1、3∶1 及 4∶1 等。

2. 长毛绒织物组织图的描绘

以长毛绒织物为例。比较经起毛织物单、双梭织造法上机图的描绘方法。

（1）单梭口织造法。图 5 - 36（a）为上机图（采用混合梭口），图 5 - 36（b）为纵向截面图，图 5 - 36（c）为地组织图。这种长毛绒织物，毛经采用三梭固结法，地组织为$\frac{2}{2}$纬

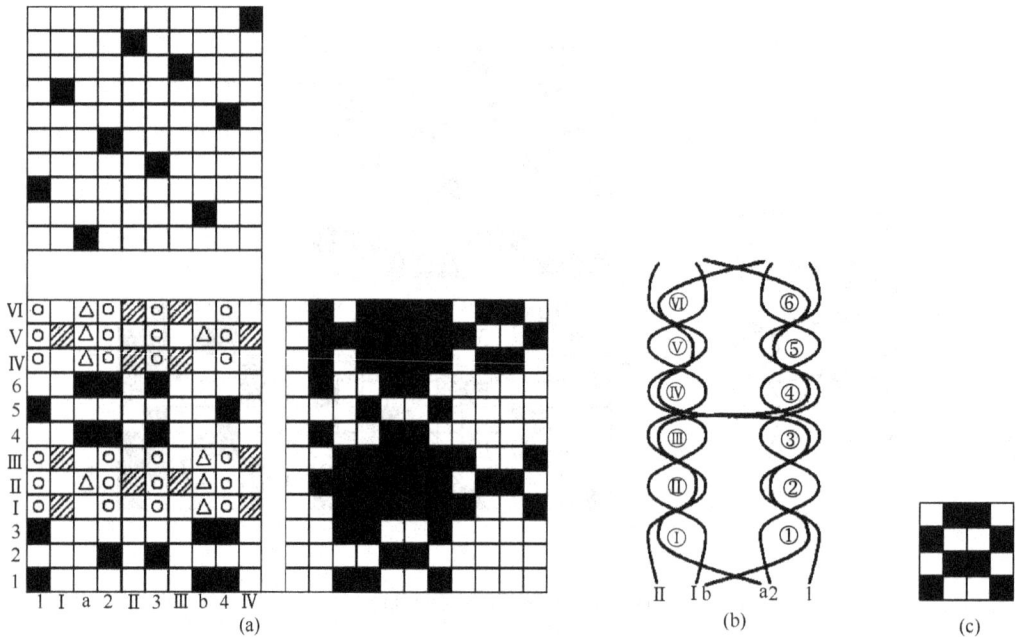

图 5－36　三梭固结长毛绒织物

重平，地经与毛经的排列比为 4:1。图中：符号■表示上层经纱或毛经在上层纬纱之上；符号▨表示下层经纱在下层纬纱之上；符号○表示投下层纬纱时，上层经纱提起；符号△表示毛经在下层纬纱之上。

如图 5－37 所示，图 5－37（a）为四梭固结的长毛绒组织，图 5－37（b）为纵向截面图，图 5－37（c）为上下层地组织图（图中组织点符号同图 5－36）。

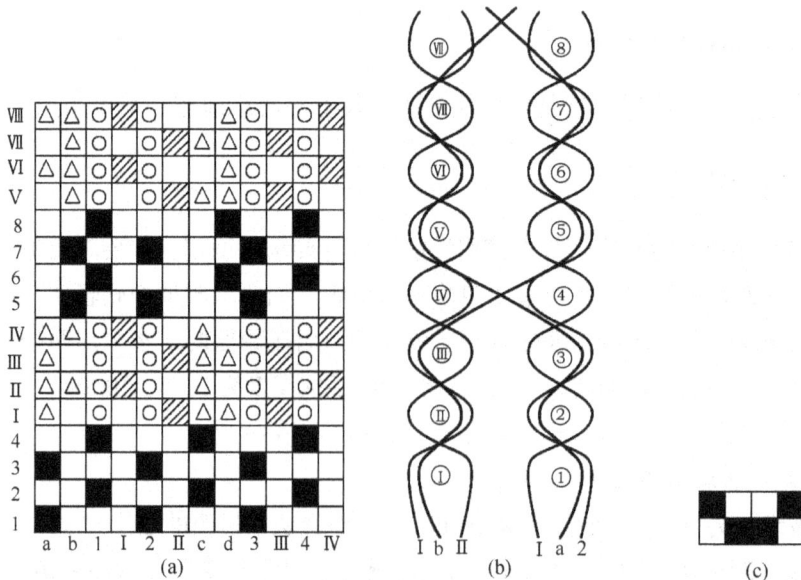

图 5－37　四梭固结长毛绒织物

（2）双梭口织造法。为了便于与单梭口织造法的上机图对比，仍用前例说明。由于采用双梭口投梭法，组织图应改为如图5－38、图5－39所示。

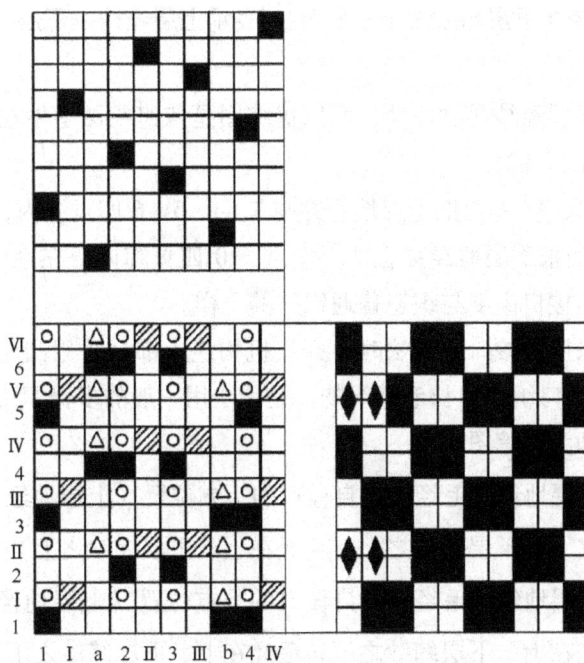

图5－38　三梭固结双梭口长毛绒织物

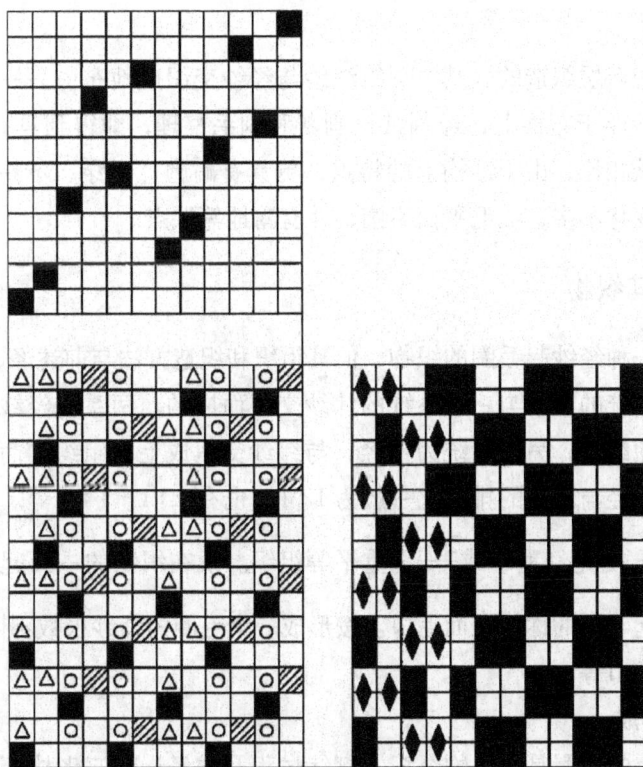

图5－39　四梭固结双梭口长毛绒织物

图 5-38 为三梭固结双梭口长毛绒织物上机图，图 5-39 为四梭固结双梭口长毛绒织物上机图。其中符号■表示上层经纱或毛经在上层纬纱之上；符号▨表示下层经纱在下层纬纱之上；符号△表示毛经在下层纬纱之上；符号○表示上层经纱在下层纬纱之上；符号□表示各种经纱在纬纱之下。

因为双梭口的上下层经纱同时运动，所以提综图是依组织图上下层各一纬作为提综图的一横行（即两纬相当于一纬）。

图 5-38 中：1、2、3、4 四根上层地经穿在 3、4、5、6 四页综内，在经纱上部形成上层梭口；Ⅰ、Ⅱ、Ⅲ、Ⅳ 四根下层地经穿在 7、8、9、10 四页综内，在经纱下部形成下层梭口。梭口位置虽有高低，但梭口高度与织造普通织物的一样。

双层双梭口织物采用双梭口织制法时，开口机构绝大部分采用凸轮开口机构，尤其是采用 W 形固结的双层双梭口织造的长毛绒织物，是无法用一般的多臂织机织制的，为此，双层双梭口织物的纹板图即为提综图。

符号■表示上、下层地经及毛经在各自梭口的上方位置（上层地经在上、下层纬纱之上；下层地经在上层纬纱之下，下层纬纱之上；毛经在上、下层纬纱之上）。

符号□表示上、下层地经及毛经在各自梭口的下方位置（上层地经在上层纬纱之下，下层纬纱之上；下层地经在上、下层纬纱之下；毛经在上、下层纬纱之下）。

符号◆表示毛经在上、下层纬纱之间的中间位置。

（三）经灯芯绒

这种织物是采用双层织造的。其中一组纬纱与经纱交织成地布，另一组纬纱与经纱织成宽窄不一的条状浮纱浮于布面上，经割绒机割断和刷毛整理，即得到具有经向条子的绒面。这种织物与纬灯芯绒相比，由于结构上的特点，更具有耐磨、耐穿、不易脱毛、生产率高等优点，但条子花型变化不多，绒毛平而不圆，并有露地等缺点。

五、毛巾组织及其织物

毛巾织物也是一种经纱起毛圈的织物，但其组织和织造方法与前述经起毛织物完全不同。毛巾织物是由两个系统的经纱与一个系统的纬纱交织而成的。两系统经纱中，一个系统为地经，与纬纱交织成地组织；另一系统为毛经，与纬纱交织成毛圈组织，简称毛组织，并在织物表面形成毛圈。毛经与地经的排列比一般为 1:1，也有 2:1、1:2 等。毛巾织物的基础组织一般采用 $\frac{2}{1}$ 或 $\frac{3}{1}$ 变化经重平或 $\frac{2}{2}$ 经重平等组织。仅在织物的一面起毛圈的称作单面毛巾；织物的两面均起毛圈的称作双面毛巾。按形成一个毛圈的纬纱根数不同，可有三纬毛巾、四纬毛巾以及五纬毛巾等。

（一）毛圈的形成

毛巾织物表面上的毛圈是由织物组织、打纬过程及送经运动三者协调配合而形成的。现以图 5-40 为例来说明毛圈形成的过程。

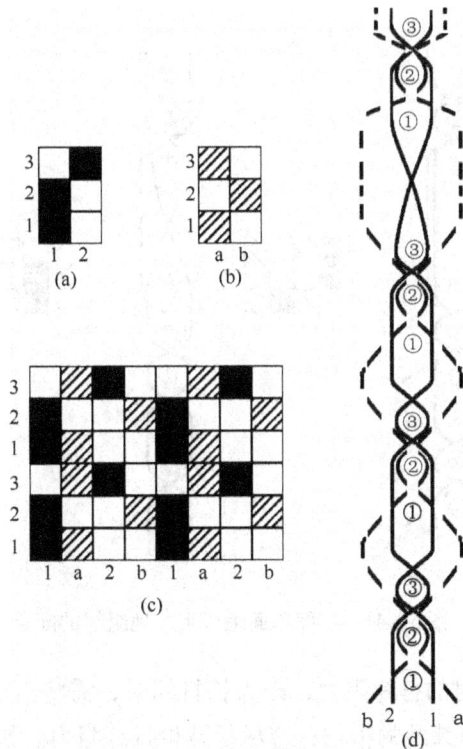

图 5-40　三纬双面毛巾组织

此三纬双面毛巾组织的地组织和毛组织分别如图 5-40（a）和图 5-40（b）所示。图5-40（d）为毛圈及其形成过程的经向截面图。毛巾织物的毛圈是在打纬过程中形成的，其打纬有短打纬与长打纬两种运动。如图 5-40（d）所示，当打第1、第2根纬纱时，打纬动程较短，打纬终了时，钢筘离织口尚有一定的距离，这种动程较短的打纬运动称作短打纬。当打第3根纬纱时，钢筘就将这三根纬纱一起推向织口，这时，打纬动程较长，称作长打纬。在长打纬时，毛经在第1、第2两根纬纱与第2、第3两根纬纱的双重夹持下，也随着向前运动，并拱起于织物表面而形成毛圈。

从图 5-40 还可以看到，地组织与毛组织均为 $\frac{2}{1}$ 变化经重平，但两者的起始点不同。在地组织中，第1、第2两根纬纱为经重平点，处于同一梭口中，所以在长打纬时，可以被第3根纬纱推动而一起向织口移动。在毛组织中，毛经纱在第1、第2两根纬纱与第2、第3两根纬纱之间形成两次交错。三根纬纱对毛经纱形成 V 形固结，将毛经纱较牢靠地握持住，从而在长打纬时，得以将毛经纱推着一起向前移动。毛经既被固结于织物中，又在织物表面形成毛圈。毛经纱之所以能在织物表面拱起，还由于第3与第1两根纬纱处，毛经纱是连续浮起的。

（二）地组织与毛组织的几种配合关系

毛、地两种组织均系变化经重平组织，它们之间必须有恰当的配合，才能取得良好的起圈效果。如图 5-41 所示，三纬单面毛巾的毛、地组织均为 $\frac{2}{1}$ 变化经重平，但由于其起始点不同，可有三种配合关系。正确的配合应满足以下要求。

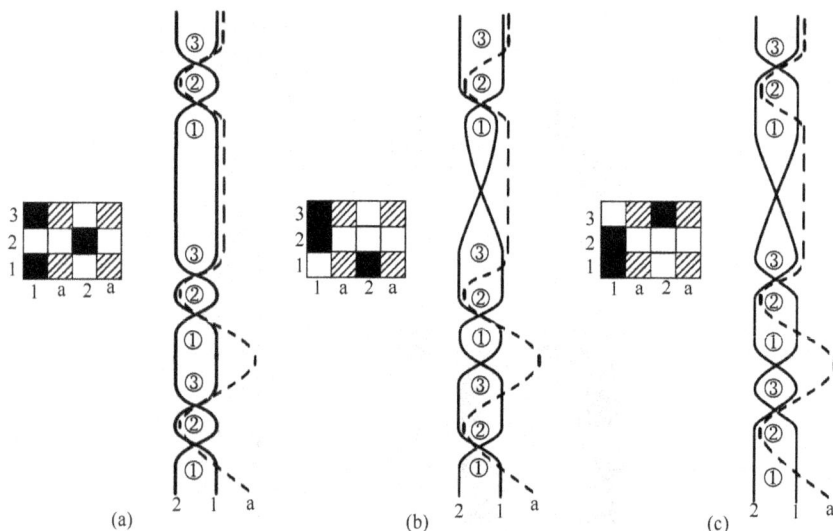

图 5 – 41 三纬单面毛巾毛、地组织的配合

（1）尽量减少长打纬时的打纬阻力，因为长打纬时，需将三根纬纱一起打向织口。为了便于打紧纬纱，减少对经、纬纱的损伤，应尽量减少打纬阻力。如图 5 – 41（a）中所示，在长打纬时，三根纬纱与两根地经均已交错两次，阻力较大，不宜采用。

（2）对毛经纱的夹持力要大，这是因为在长打纬时，三根纬纱必须夹持着毛经纱向前运动。图 5 – 41（a）中，纬纱 1 与 2 及 2 与 3 之间均已有地经纱织入，影响了纬纱对毛经纱的夹持力。图 5 – 41（b）与图 5 – 41（c）的夹持效果相仿，较图 5 – 41（a）为好。

（3）纬纱的反拨力要小，可以看出图 5 – 41（a）中的纬纱 3 容易后退，因为它与纬纱 1 处于同一梭口中。图 5 – 41（b）中，纬纱 3 的反拨不如图 5 – 41（a）严重，但影响纬纱 2 与 3 之间对毛经纱的夹持力。图 5 – 41（c）中的纬纱 3 更不易后退，即使后退，也不致影响纬纱 1 与 2 之间对毛经纱的夹持。

综合上述三点，以图 5 – 41（c）所示的毛组织、地组织配合为最佳。目前，工厂中均采用图 5 – 41（c）所示的配合方式。

如图 5 – 42 所示为一四纬毛巾组织，采用三次短打纬，一次长打纬来进行织制，如图 5 – 42（a）为组织图，图 5 – 42（b）为经向截面图。

图 5 – 43 是以 $\frac{2}{1}$ 变化重平为地组织，毛经纱用两种色纱相间排列构成两色表里交换的双面格子毛巾织物的上机图，根据纹样要求并配以不同的色泽可构成更加丰富的花纹。

（三）地经与毛经的排列比及毛圈高度

地经与毛经的排列比为 1∶1，称作单单经单单毛；排列比为 1∶2，称作单单经双双毛；排列比为 2∶2，称作双双经双双毛。此外还有地经为单双相间排列，称作单双经双双毛。

毛巾织物的毛圈高度由长短打纬相差的距离来决定，毛圈高度约等于长短打纬相隔距离的一半。

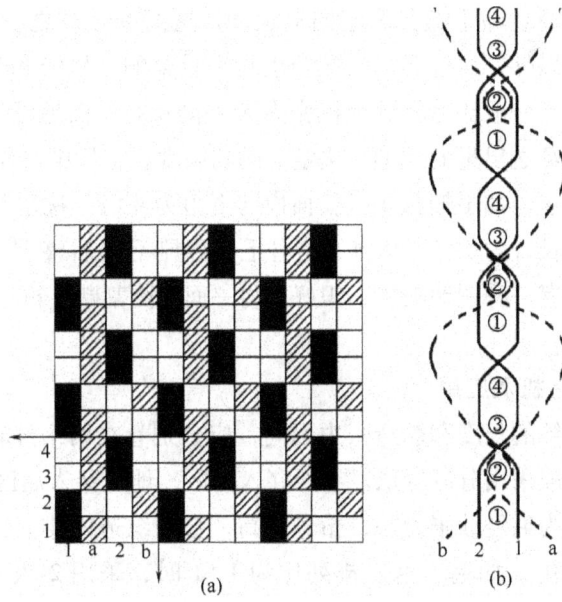

图 5－42　四纬毛巾组织

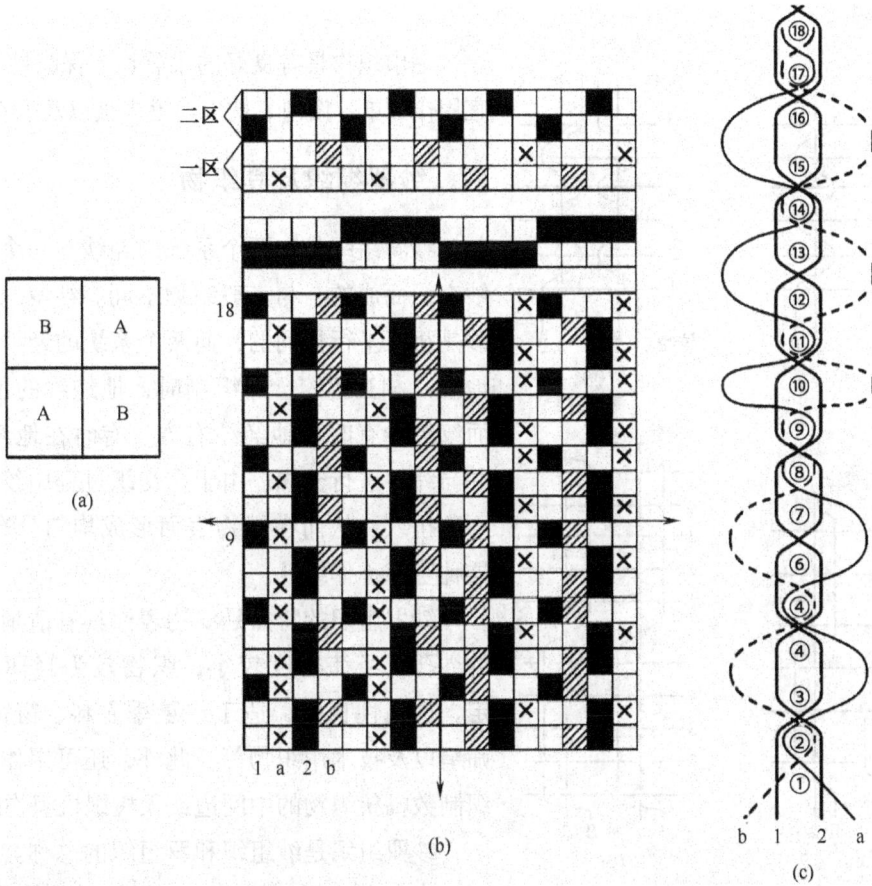

图 5－43　表里交换双面格子毛巾织物上机图

毛经能够成圈而地经纱却不随其一起向前运动,这两种经纱之所以有不同的运动方式,除了织物组织上的原因以外,送经运动的配合也是很重要的。地经和毛经分别绕在两个织轴上,地经纱的张力较大,一般比毛经的上机张力大4倍左右,而毛经纱采用积极送经,张力较小。毛经送出量对地经送出量的比例,决定毛圈的高度,工厂中称作毛长倍数,简称毛倍。不同品种对其有不同要求,如手帕为3:1,面巾与浴巾为4:1,枕巾与毛巾被为4:1~5:1,螺旋毛巾的毛圈高度较长,为5:1~9:1。这种毛巾经刷毛等后整理可使毛圈成螺旋状,织物紧密,手感柔软。还有一种割毛毛巾,织好后将一面毛圈割断,再通过刷毛等后整理工序,可形成平绒织物的外观。

(四)毛巾织物的上机及应用

由于地经纱与毛经纱的长度和织造张力不同,应分别卷在两个经轴上。毛经纱常用积极送经,而穿综方法则一般采用分区穿法。毛经穿入前区,地经穿入后区。

筘号不宜过高。因为毛经纱张力小,筘号过高,会使织造困难。穿筘时,宜将同一组的地经与毛经穿入同一筘齿。如毛、地经排列比为1:1时,采用2入(一毛一地);排列比为2:1时,采用3入(二毛一地)。

毛巾织物在织机上可以采用竖织,也可以采用横织。一般来说,面巾以竖织为多,枕巾以横织为多。

毛巾织物具有良好的柔软性、保暖性和吸湿性,宜用作面巾、浴巾、枕巾、毛巾被以及睡衣等。

六、纱罗组织及其织物

纱罗组织是由两个系统的经纱与一个系统的纬纱交织而成的,与一般织物不同。纱罗织物中仅纬纱是相互平行排列的,而两个系统的经纱(绞经和地经)相互扭绞,即织制时,地经纱的位置不动,而绞经纱有时在地经纱右方、有时在地经纱左方,并与纬纱进行交织。由于在交织过程中绞经与地经不断扭绞,从而在织物表面形成均匀分布的空隙。这种空隙称作纱孔。

纱罗组织的特点是织物表面具有清晰均匀分布的纱孔,经纬密度较小,织物较为轻薄,结构稳定,透气性良好,适于作夏季衣料、窗帘、蚊帐、筛绢以及技术用织物等。此外,还可用作阔幅织机织制数幅狭织物的中间边或无梭织机织物的布边。

纱罗组织是纱组织和罗组织的总称。绞经每变更一次左右位置,仅织入一根纬纱的称作纱组织,如图5-44(a)和图5-44(b)所示。而绞经每

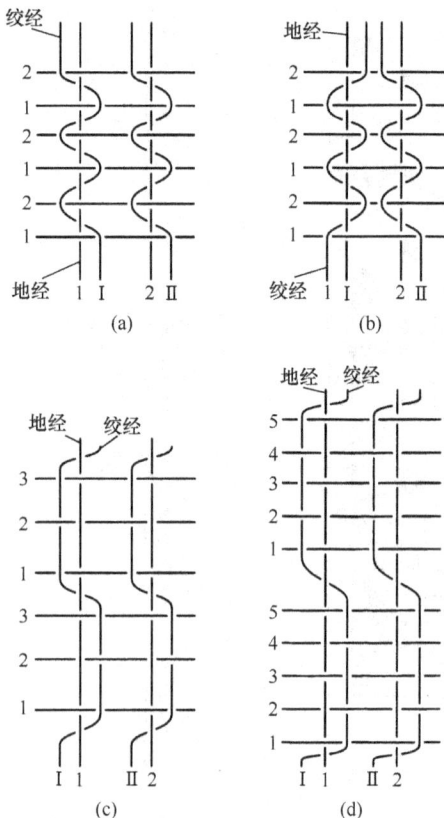

图5-44 纱罗组织的几种结构示意图

改变一次左右位置，织入三根或三根以上奇数纬纱的则称作罗组织，如图 5 - 44（c）所示为三梭罗。一次扭交织入几根纬纱，就称作几梭罗。如图 5 - 44（d）所示为五梭罗。

纱罗织物中，相互扭绞的几根地经与绞经，合称作一个绞组，每一个绞组可以由若干根绞经与若干根地经组成，一个绞组的经纱至少包括一根地经和一根绞经。各绞组内，绞经与地经绞转方向都是一致的，称作一顺绞，如图 5 - 44（a）和图 5 - 44（c）所示；相邻两个绞组内，绞经与地经的绞转方向是对称的，称作对称绞，简称对绞，如图 5 - 44（b）和图 5 - 44（d）所示。

根据织物中绞经在纬纱的上面还是下面可分为上口纱罗与下口纱罗。绞经在起绞前后始终在纬纱上面的，为上口纱罗；绞经在起绞前后始终在纬纱下面的，为下口纱罗。图 5 - 44 中各组织均为上口纱罗。

纱组织或罗组织又可与各种基本组织联合，形成各种花式纱罗组织。

（一）纱罗织物的形成原理

1. 绞综结构

纱罗织物的绞经和地经能够扭绞的关键在于采用了一种特殊的绞综。绞综主要有两种：线制绞综和金属钢片制绞综。目前我国以使用金属绞综为主，线综只有在织制大提花纱罗织物时才使用。图 5 - 45 所示为一副金属绞综，它由左、右两根基综丝 J_1、J_2 和一片半综 B 组成。每根扁平钢基综由两片薄钢片组成，并由其中部的焊接点 K 联系在一起。半综 B 的每一支脚伸入一片基综上部两薄片之间，并由基综的焊接点托持。基综的这种构造可保证不管哪个基综提升时，半综都能跟随上升（除用半综织制纱罗织物以外，我国尚有用成排的带孔针综相互横动起绞织造纱罗的方法，可用以织造密度不大的蚊帐用布）。

如图 5 - 45 所示为半综的两只脚向下，骑跨在两根基综的焊接点上。这样的安装状态称作下半综。如果使半综的两只脚朝上，则称作上半综。上半综使用不便，一般均采用下半综，适用于上开梭口获中央闭合梭口，织制成上口纱罗。

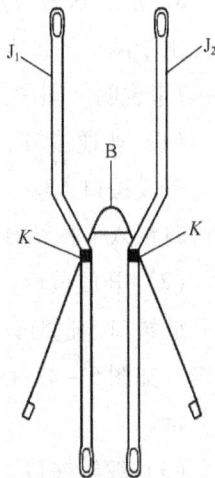

图 5 - 45 金属铰综

2. 穿经方法

纱罗织物的综框装置和穿综方法比较特殊。除了绞综外，在其后方还有两排普通综丝。穿综时，将地经与绞经先分别穿入两排普通综丝。其中穿入地经的称作地综，穿入绞经的称作后综。通常地综在后，后综在前，然后将两者一起引向前方穿过绞综。绞综的具体穿法有两种。

（1）右穿法。目前国内的穿法，因地区不同，穿法名称也不一样。如图 5 - 46（a）所示，（自机前看）基综 1 在绞组经纱的左前，基综 2 在绞组经纱的右后，绞经在地经的右方，穿入半综时，称作右穿法（或称作左绞穿法）。

（2）左穿法。基综 1 在绞组经纱的右前，基综 2 在绞组经纱的左后，绞经在地经的左方，穿入半综时，称作左穿法（或称作右绞穿法），如图 5 - 46（b）所示。

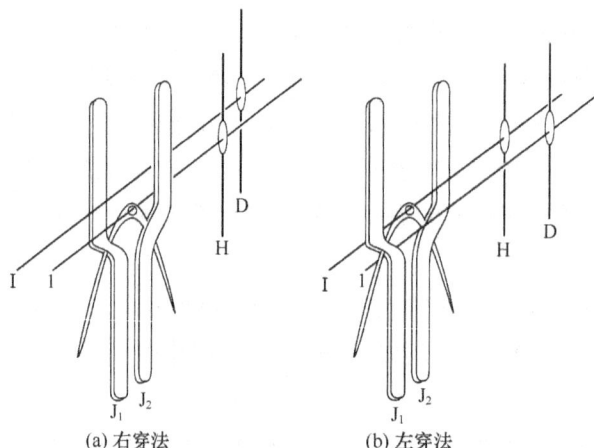

(a) 右穿法　　　　　(b) 左穿法

图 5 - 46　纱罗织物的两种穿综方法

3. 纱罗织物的几种梭口

由于两种经纱与纬纱交织的不同需要，织制纱罗织物时，须形成三种梭口。现结合图 5 - 47来说明。图中为右穿法，绞经在综平时处于地经右侧，如图 5 - 47 (a) 所示。

(1) 普通梭口。后综、绞综静止不动，仅由地综提起形成的梭口称为普通梭口。这时，地经形成梭口上层，绞经形成梭口下层，绞经仍处于地经的右侧，如图 5 - 47 (b) 所示。如果此时织入一根纬纱 1，则交织情况如图 5 - 48 中第一根纬纱所示。

(2) 开放梭口。后综与基综 2 提起，半综 B 也随之上升。这种由绞经提起形成的梭口称作开放梭口。这时，绞经形成梭口上层，地经形成梭口下层。绞经仍处于地经右侧，不发生扭绞，如图 5 - 47 (c) 所示。如果这时织入一根纬纱 2，则交织情况如图 5 - 48 中第二根纬纱所示。

(3) 绞转梭口。后综与地综不动，由基综 1 带动半综 B 上升，形成的梭口称为绞转梭口。这时，绞经由地经右侧通过地经下方，绞转到左侧提升，形成梭口上层；地经不动，形成梭口下层，如图 5 - 47 (d) 所示。如果这时织入一根纬纱 3，则交织情况如图 5 - 48 中第三根纬纱所示。

开放梭口与绞转梭口交替进行，绞经与地经不断相互扭绞，形成纱罗织物。

根据上述三种梭口的变化，再加上绞经与地经穿入基综左右位置不同，以及一个绞组中的绞经、地经根数不同和组织的不同，可以形成各式各样的花式纱罗组织。

(二) 纱罗组织上机图的绘作与上机要点

1. 纱罗组织图的描绘

纱罗组织的方格表示法与普通织物的不同，因为在纱罗组织中，绞经时而在地经的左方，时而在地经的右方，所以纱罗组织的绞经应在地经的两侧各占一个纵格。图 5 - 49 (a)、图 5 - 49 (b)、图 5 - 49 (c) 和图 5 - 49 (d) 即为图 5 - 44 (a)、图 5 - 44 (b)、图 5 - 44 (c) 和图 5 - 44 (d) 的组织图。其中符号■表示绞经的组织点，符号▨表示地经升起的组

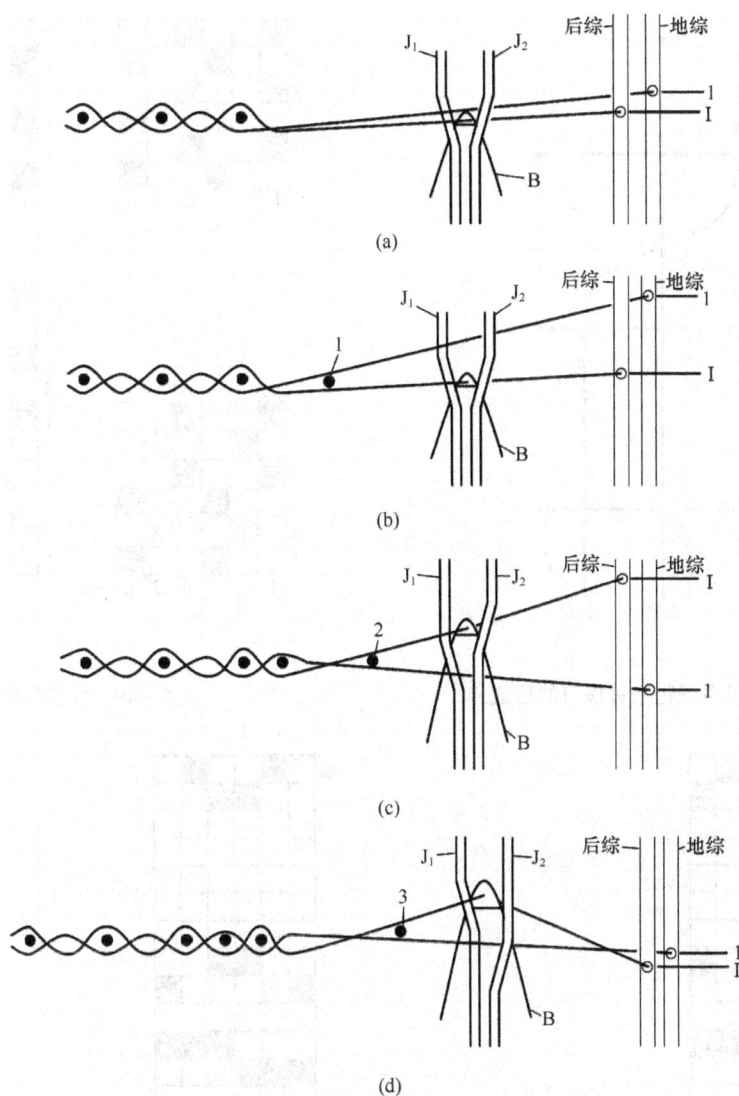

图 5 – 47　纱罗织物各种梭口的形成

织点。

2. 纱罗组织的上机

（1）纱罗织物的穿综图。穿综图上用两横行表示两页基综。基综 1 在前，基综 2 在后，如图 5 – 50 中表示基综处符号所示。图 5 – 50（a）均采用右穿法，图 5 – 50（b）为对穿法，图中左侧 I、1 绞组为右穿法，右侧 II、2 绞组为左穿法。右穿法绞经在地经之右穿入半综，所以在表示绞经的右面纵格位置对着后综的横格中填入符号。同理，左穿法则在左面纵格填入符号，地经的表示法是对着穿入一绞组中间地经纵格中地综横格处填入符号即可。在两绞经所占用的两纵格之间的纵格行数要视一个绞组中的地经根数来定。如一个绞组有三根地经，则一个绞组共占用 5 纵行，中间 3 纵行画地经穿经图和组织图。

纱罗织物穿综时要分两步进行。

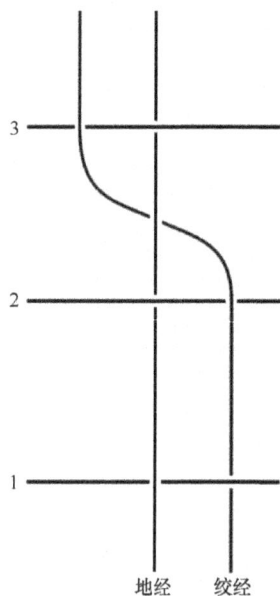

图 5 - 48　纱罗织物三种梭口的形成

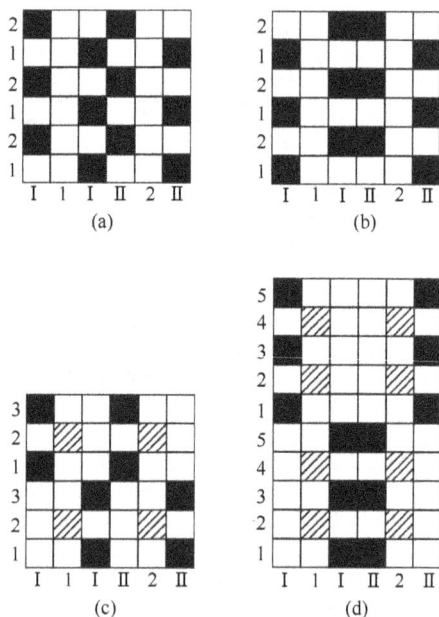

图 5 - 49　纱罗组织图

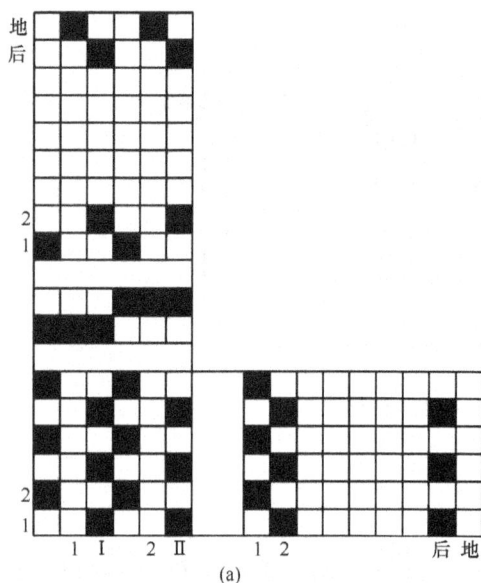

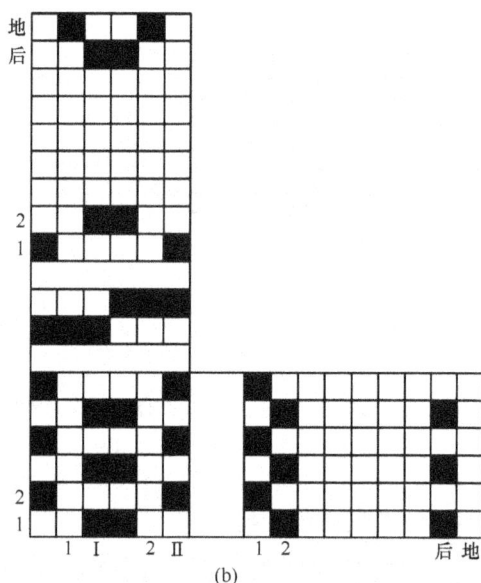

图 5 - 50　纱罗组织的上机图

第一步：先将绞经和地经分别穿入普通综框，即地经穿入地综，绞经穿入后综。如绞经在地经的右方时，先穿地经，后穿绞经；如绞经在地经的左方时，则先穿绞经，后穿地经。

第二步：当绞转梭口提起基综 1 在两基综之间将绞经、地经引向前方时，由前基综 1 的右方（右穿法）[或前基综 1 的左方（左穿法）]将绞经穿入半综孔眼。地经也按同样方向穿过两基综的间隙。

为了保证开口的清晰度，减少断经，绞综应穿在前面的综页，平纹或其他组织的综页在中间，后综、地综在最后。根据实践，绞综与地综的间隔至少为两页综，以 4～5 页综为宜。尤其是地经和绞经都在同一个织轴上的品种，在设计穿综顺序时更应注意。

（2）穿筘。每一绞组必须穿在同一筘齿中，否则不能进行织造，有时为了加大纱孔突出扭绞的风格，采用空筘法或花式筘穿法。在纱罗织物的穿综图中，穿在同一筘齿的代表一个绞组，不代表纱线根数。

（3）纱罗织物的绞经与地经的缩率不同，有时差异很大。根据产品的规格，在绞经与地经的缩率相差不大的情况下，尽可能使用一个织轴进行织造，最多不宜超过两个织轴。

（4）纱罗织物平综时，应使地经稍高于半综的顶部，以便绞经纱在地经之下左右绞转。如图 5-47（a）所示的平综位置。因为在纱罗织物织造过程中，绞经张力变化较大，为防止两页基综交替上下时将地经嵌于半综与基综之间，影响绞经在地经下方顺利通过。有时，可以在织机上安装一套张力调节机构，随时调节绞纱的张力，以基本保持绞经在上层开口或下层开口时张力一致，使经纱形成清晰梭口。还可利用张力调节杆，将绞经压向下方，使绞经纱与地经纱的扭绞点在地综综丝眼的下方，这样可防止因两种经纱在扭绞时相互摩擦而造成断头。

一般张力调节装置均用多臂机的最后一片提综臂来控制其运动。

如图 5-51 所示为某花式纱罗组织的结构和上机图。该织物布面呈现对称绞形成的横排小圆孔。两排孔之间有一段为七纬纱罗组织的平纹。第 1 综为基综 1，第 2 综为基综 2，第 3

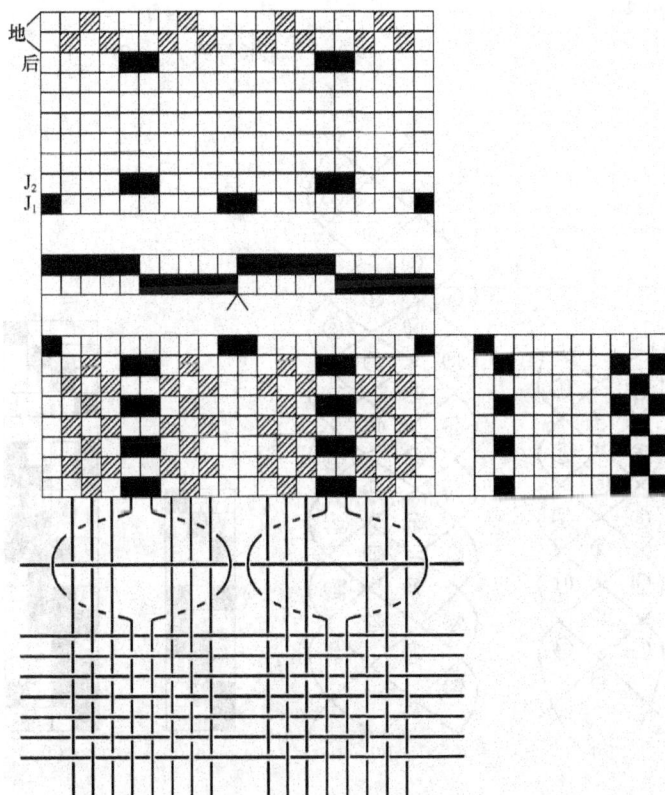

图 5-51 花式纱罗组织

综为后综，第4、第5两综用于操纵地经织平纹组织。如果绞经用较粗的纱线，则圆孔更加明显，且可减少断头。为了使花纹更加突出，可以采用空筘穿法。

七、角度联锁多层组织

角度联锁多层组织分经纱角度联锁组织和纬纱角度联锁组织，因经纱角度联锁更有实际意义，这里仅介绍经纱角度联锁组织。

经纱角度联锁组织有一个系统的经纱和多个系统的纬纱，经纱和各层纬纱成角度依次交织，如图5-52所示。

经纱角度联锁组织的构成步骤如下。

（1）确定所需织物的层数，如图5-53（a）、图5-53（b）和图5-53（c）所示分别为二层、三层和四层经纱角度联锁组织。

（2）画出纵向截面图，如图5-53（a）、图5-53（b）和图5-53（c）所示。

（3）计算经纬纱完全组织循环数 R_j、R_w 和经向飞数 S_j。

计算公式为：

$$R_j = P(\text{层数}) + 1$$
$$R_w = R_j \times P = P \times (P + 1)$$
$$S_j = P$$
$$\text{最长浮线} f_m = 2P - 1$$

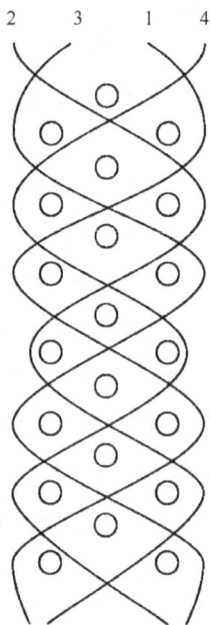

图5-52 经纱角度联锁多层组织

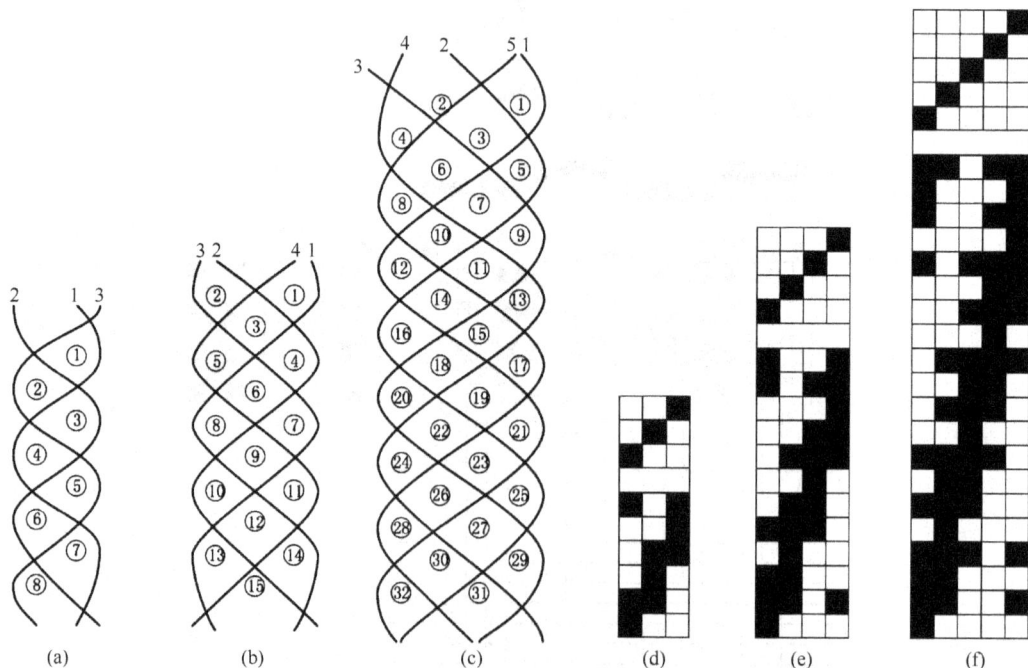

图5-53 经纱角度联锁组织的构成

（4）由纵向截面图，画出组织图的第一根经纱。

（5）由第一根经纱组织与经向飞数 $S_{\rm j}$，画出其他经纱的组织点，如图5－53（d）、图5－53（e）和图5－53（f）所示。

经纱角度联锁组织的穿综方法如图5－53（d）、图5－53（e）和图5－53（f）所示，采用顺穿法。

这种组织不仅增加了织物的厚度，而且具有易于变形的特点，同时可以在传统织机上织造，因此，在产业用纺织品领域具有广阔的应用前景。

✽项目实施 织物分析与试织

一、目的及要求

（1）进一步了解复杂组织织物的形成原理。

（2）掌握复杂组织织物的设计、上机织造方法及应采取的技术措施。

二、方法及步骤

（1）设计花型、配色及织物组织。

（2）确定织物规格及工艺参数，并画出上机图。

（3）确定织造过程所采取的相应技术措施。

（4）上机试织。

三、实验分析

（1）分析样品的各项规格指标，并与设计方案进行对比，找出差距及产生原因。

（2）根据样品效果，分析所采取的技术措施是否得当，提出改进意见。

四、实验报告

实验报告应包括以下内容。

（1）实验名称。

（2）实验目的及要求。

（3）小样规格及工艺表见表5－2，组织图绘于图5－54意匠纸中。

表5－2 小样工艺表

纱线规格		小样幅宽		筘号	
织物经纬密度		总经根数		每筘穿入数	
织物组织		边纱根数		筘幅	
穿综顺序					
经纱排列					
纬纱排列					

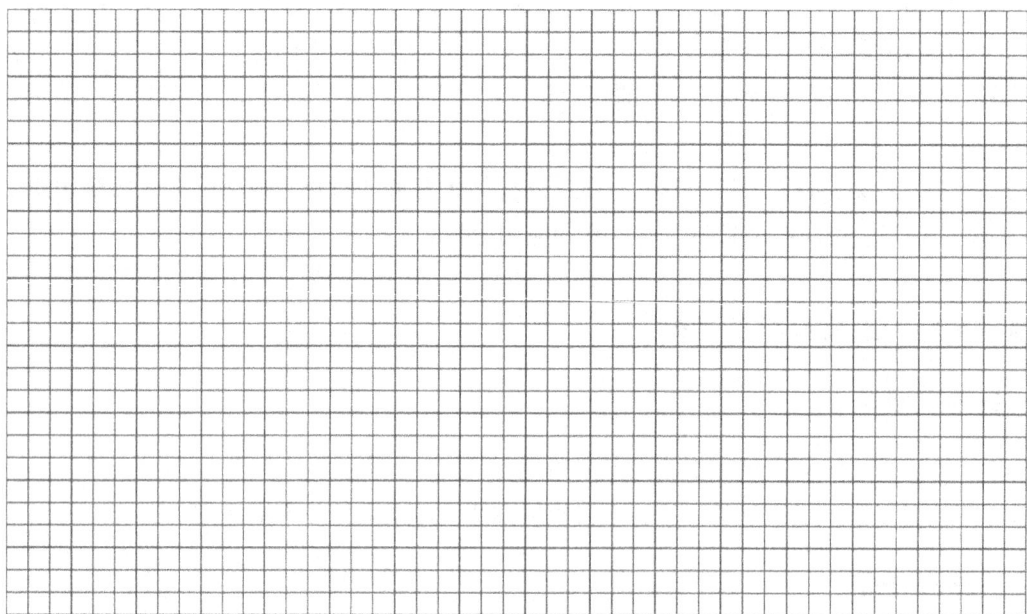

图 5-54 组织图

（4）采取的技术措施。

（5）样品。

（6）实验分析。

五、全自动剑杆小样机主要织疵成因分析及排除方法（表 5-3）

表 5-3 全自动剑杆小样机主要织疵成因分析及排除方法表

织疵	成因分析	排除方法
边缺纬	织物组织复杂	适当增加布边的宽度
	纬纱张力过紧	纬纱张力器上的调节螺母向上调整
	纬纱有弱捻纱、粗细节纱	去除原纱纱疵，保证纬纱质量
双纬	纬筒未定捻或捻度偏大	给纬筒定捻
	选纬杆孔内穿入双纬纱	删除双纬纱
边纬缩	纬筒未定捻或捻度偏大	纬筒需热定捻或自然定捻处理
	纬纱张力过紧	纬纱张力器上的调节螺母向上调整
	综丝损坏	调换损坏的综丝
	经纱上机张力过小	适当增加经纱上机张力
	钢筘筘号偏大	更换低筘号，增加每筘穿入经纱数
	后梁位置太高	降低后梁位置
	经纱附着较多的棉结、杂质、飞花、回丝、长结尾	清除附着在经纱上的棉结、杂质、飞花、回丝和长结尾纱
	经纱排列杂乱、张力不匀	上机时经纱要排列平行、张力均匀

续表

织疵	成因分析	排除方法
断经	经纱质量差，强力不够 引纬剑碰断开口不清的经纱 综丝眼或筘齿有毛刺或损坏 两侧边纱不对称倾斜	不用质差的经纱，适当调整工艺参数 排除开口不清的因素（同跳花） 更换钢综片，修理筘齿片 使织轴经纱与穿筘幅中心线重合
纱尾织入	纬纱张力过小 剑头夹持纬纱过紧 剪纬时间过迟 剪刀刀刃不锋利 右侧赘边位置不正确	适当增加纬纱张力 调整剑头钳纬器上的弹簧片螺丝 校装剪纬刀片位置 更换刀片 右侧赘边位置向左移动
绞边不良	绞边综丝变形、损坏，脱落 绞边经纱张力过小 绞边纱未穿入绞边张力弹簧片孔	调换绞边综丝 增大绞边经纱张力 将绞边纱重新穿入绞边张力弹簧片孔内
稀密路	钢筘松动 钢筘摆动不到 织物紧密，交织阻力大 卷布辊与布面打滑 纬密卷取方式选择不对 经纱张力不稳定 处理断头后织口位置不对	紧固筘座上的钢筘螺丝 排除异物，校装打纬气动元件 设置多次打纬程序 夹紧卷布辊夹布杆 设置正常纬密的程序 校装经纱张力装置，栓牢经纱头 按处理断头的操作法操作

综上所述，预防和减少织疵的基本工作主要有以下几项。

（1）提高经纱和纬纱的质量。

（2）上机时整片经纱张力均匀，排列整齐。

（3）织样机在正常状态下运转。

（4）根据所织织物的品种合理调节工艺参数。

（5）提高操作水平，减少织疵和机械故障。

如表 5-2 所述，针对不同的织疵有不同的产生原因和排除方法，须结合实际情况及时排除织疵。

六、全自动剑杆小样机主要故障成因分析及排除方法（表5-4）

表 5-4　全自动剑杆小样机主要故障成因分析及排除方法表

故障现象	故障原因	排除方法
梭口不清晰	经纱穿筘位置紊乱 经纱整经梳理不齐 综框上方固定螺栓松动 后梁过高、经纱张力过小	检查经纱穿筘位置并修正 重新整经梳理 旋紧综框导架上的综框固定螺栓 降低后梁高度、加大经纱张力

故障现象		故障原因	排除方法
个别综框不提升		综内框螺丝松动	拧紧综内框螺丝
		综框锁内框装置圆销滑出	圆销用硅氧胶固定
		综框与汽缸连接杆松脱	旋紧综框与汽缸的连接螺丝
		电磁阀或气缸损坏	通知售后服务人员
起落综的速度差别过大		综框调速不到位	调节相应电磁阀上的调速阀
		气源气压或流量不够	增大气压或增大气源气缸管径
绞边纱不开口		绞边纱张力过小	加大绞边纱张力
		绞边纱给综框多余综丝阻弯	从综框多余综丝右边穿绞边纱以保持绞边纱拉直
		绞边纱未放入张力弹簧片	把绞边纱放入其张力弹簧片孔内
		磁绞边综丝损坏	更换磁绞边综丝
机器开不动	引纬往回程不到位	异物阻碍	排除异物
		引纬气缸磁性开关位置松动	调整磁性开关位置至灯亮
		气源气压不足	增大气源气压
	打纬回程不到位	打纬气缸磁性开关位置松动	调整磁性开关位置至灯亮
		气源未开	打开气源
纬纱不进钩纬板		废边位置不正确	将废边穿在钢箔最左侧
		组织密度过大	调整组织密度
		右侧废边张力过小	增加废边张力
		右侧废边根数太少	增加废边根数
		高捻度纬纱或弹力纬纱	选用防纬缩程序
		最左侧的废边位置不正确	将废边纱穿在钢箔的最左侧
		钩纬板位置不正确	调整钩纬板的前后位置
经纱张力越打越小		经轴上绕物过多过厚	去除绕物
		经纱过长	减短经纱
		卷布电动机不转	检查梭口位置是否退后，卷布辊是否转动，并通知售后服务人员
剪纬失效		剪纬器与气缸连接松动	紧固连接螺丝
纬纱尾带入梭口		剪纬刀安装位置不正确	调整剪纬刀位置
剑杆运动引不到纬		最右侧的绞边位置不正确	将最右侧的绞边向右边移动
		纬纱未进钩纬板钩内	将纬纱放入钩纬板钩内
		纬纱断头，检查纬停装置提升螺丝	接好断纬后继续织造
无法实现空纬		软件设置不正确	选择无纬纱的选纬杆作为空纬
			在空纬的地方设定不同的纬密

续表

故障现象	故障原因	排除方法
达不到设定的纬密	打纬力不够	增加打纬次数
	气压不足	调整三联件中的减压阀气压
钢筘碰钩纬板	钩纬板安装位置不对	钩纬板位置向右调整安装
	钢筘伸出筘座	校装钢筘左侧与筘座左侧平齐
钢筘松动	固定的钢筘螺丝松动	紧固筘座上的固定钢筘螺丝
钢筘摆动不到位	交织阻力过大	设置多次打纬
纬密密度不足	布料过长使卷布距离偏差	缩短样布长度
	组织密度过大	检查织造能力并修正
纬密偏小、送经、卷取不运动	经纱张力调节不当	调节经纱张力到适当的值
	卷布辊卷布过多	减少卷布辊卷布数量
或只有单向运动	送经卷取电动机控制器故障	维修或更换电动机控制器
	I/O 卡故障	维修或更换 I/O 卡
	导线有虚焊接点	查出导线虚焊点后重焊
综框还没有提升到位，引纬剑杆已引纬	在没有开气的情况下，按停止/一纬按钮，接着开气	在织造之前，检查有没有打开织机右下部的气源手控开关，再按停止/一纬按钮
纹板图打不开	文件格式不对或与本机器配置不对应	删除该文件，建立新的纹板文件
上机张力不稳定	经纱没有拴牢	将经纱拴牢在织轴上
	张力感应器固定螺丝松动	紧固张力感应器固定螺丝
断纬自停不及时	飞花、回丝附着自停杆	清洁断纬自停装置
	导线有虚焊接点	查出导线虚焊点后重焊
织机某部件不动	该部件连接导线有虚焊点	查出导线虚焊点后重焊
	I/O 卡故障	维修或更换 I/O 卡
织机不运转	I/O 卡端口地址设置错误	设置正确的 I/O 卡端口地址
	24V 电源开关损坏	更换电源开关
	I/O 卡损坏	更换 I/O 卡
织造软件不能启动	部分文件被删除	重新安装织造软件
	计算机感染病毒	清除病毒
软件运行过程中出现非法操作	Windows 系统文件损坏	修复 Windows 系统文件
	计算机感染病毒	清除病毒
软件运行过程中计算机死机	计算机安装了其他软件	卸载其他软件
	计算机感染病毒	清除病毒
计算机无法启动	Windows 系统文件损坏	使用系统恢复盘
溢出（错误）	打开文件过多	关闭不必要的文件

上机试织时的结果考核内容见表 5 – 5。

表 5 – 5　上机试织时的结果考核内容表

序号	考核项目	考核内容	标准分值	评分标准		得分
				正确或规范执行	有偏差或不执行	
1	纪律与规章制度的执行（10%）	到课率	4	4	3 ~ 0	
2		设备与电气使用的安全性	2	2	1 ~ 0	
3		工具的摆放、完整性	2	2	1 ~ 0	
4		机台与地面的卫生	2	2	1 ~ 0	
5	上机试织前的准备（20%）	纱线的原料、线密度、颜色的选择	2	2	1 ~ 0	
6		工具的选择	2	2	1 ~ 0	
7		织机状态的检查与调整	2	2	1 ~ 0	
8		电脑控制系统的检查与处理	2	2	1 ~ 0	
9		密度的选择	3	3	2 ~ 0	
10		筘号的计算与选择	3	3	2 ~ 0	
11		穿综方法的选择	3	3	2 ~ 0	
12		总经根数的计算与确定	3	3	2 ~ 0	
13	上机试织操作（40%）	整经、分纱操作规范与熟练程度	5	5	4 ~ 0	
14		穿综操作规范与熟练程度	4	4	3 ~ 0	
15		穿筘操作规范与熟练程度	3	3	2 ~ 0	
16		数据输入操作规范与熟练程度	3	3	2 ~ 0	
17		整理经纱操作规范与熟练程度	3	3	2 ~ 0	
18		纬纱准备操作规范与熟练程度	3	3	2 ~ 0	
19		数据输入操作规范与熟练程度	3	3	2 ~ 0	
20		布面质量控制	8	8	7 ~ 0	
21		了机处理与规范性	4	4	3 ~ 0	
22		剪样、贴样的规范性	4	4	3 ~ 0	
23	上机试织结果（30）	织物外观质量	4	4	3 ~ 0	
24		组织结构的正确度	4	4	3 ~ 0	
25		色纱排列与花型效果	4	4	3 ~ 0	
26		经纬密度与幅宽的符合度	4	4	3 ~ 0	
27		上机操作的熟练度	8	4h 内完成	4 ~ 7h	
				8	6 ~ 1	
28		试织报告的完整性	6	6	4 ~ 0	

参考文献

[1] 蔡陛霞. 《织物结构与设计》[M]. 北京：中国纺织出版社，2004.

[2] 沈兰萍. 《织物结构与设计》[M]. 2版. 北京：中国纺织出版社，2012.

[3] 荆妙蕾. 《织物结构与设计》[M]. 5版. 北京：中国纺织出版社，2014.

[4] 毛新华. 《纺织工艺与设备 下册》[M]. 北京：中国纺织出版社，2004.

[5] 刘培民. 《机织物结构与设计实训教程》[M]. 北京：中国纺织出版社，2009.

[6] 人力资源和社会保障部教材办公室. 《织物组织结构与设计》[M]. 北京：中国劳动社会保障出版社，2009.